2級 土木
施工管理技術検定 第一次
頻出 ポイント攻略 BOOK

地域開発研究所

※本書は［受検種別：土木］に対応しております。
　また，令和7年2月1日現在の法令および情報にもとづいて作成しています。

はじめに

土木施工管理技術検定は，建設業法にもとづく国家資格です。その名のとおり，土木工事に従事する技術者の施工管理技術の向上，技術水準の確保を図ることを目的とした資格です。

土木施工管理技術検定には1級と2級があり，それぞれ第一次検定と第二次検定に分かれています。第一次検定が四肢択一のマークシート方式，第二次検定は記述方式です。第一次検定の合格者には「技士補」，第二次検定の合格者には「技士」の称号が与えられます。

2級土木第一次検定の試験内容は，土工，コンクリート工，基礎工といった土木工事の一般的な知識を問うものから，専門土木，共通工学，法規，施工管理法まで幅広く出題され，出題レベルも比較的高いため，短期間で対策することは容易ではありません。

本書は，当研究所の半世紀にわたる実績と経験から，過去15回分の出題内容を徹底分析。合格に必要な頻出ポイントに絞り，図表を用いてわかりやすく解説していますので，土木初心者でも効率よく合格ラインに到達することができます。
なお，頻出用語が赤文字になっているので，付属の赤シートを活用しながら，暗記すべきキーワードをスイスイ覚えることもできます。
また，本書をご購入いただいた方に，スマートフォンやタブレットでいつでもどこでも過去問題に挑戦できるセコカンeトレをご用意しました。過去15回分の試験問題に対応しており，本書と併用することでより確かな力を身に付けることができるので，ぜひご活用ください。

受検を予定されている皆さんが本書を十分にご活用いただき，試験に合格されますことを心よりお祈り申し上げます。

令和7年3月
一般財団法人 地域開発研究所

土木施工管理技術検定について

土木施工管理技術検定は，建設工事の適正な施工の確保を目的とした建設業法にもとづく国家資格です。学習を始める前に，検定の概要を理解しておきましょう。

検定の種類

土木施工管理技術検定は，表のような種類に分かれています。

条件＼種類	2級		1級	
	第一次検定	第二次検定	第一次検定	第二次検定
受検資格	年度中における年齢が17歳以上の者	第一次検定合格後，一定の実務経験を持つ者※	年度中における年齢が19歳以上の者	1級第一次検定合格後，一定の実務経験を持つ者※
検定料	6,000円	6,000円	12,000円	12,000円
試験内容	四肢択一	記述	四肢択一	記述
合格後与えられる資格	2級技士補	2級技士	1級技士補	1級技士
上記資格によってなれる技術者	―	主任技術者	監理技術者補佐	監理技術者

※詳細は，試験機関ホームページまたは「受検の手引」を参照してください

> **主任技術者**：建設業者が，工事現場における施工の技術上の管理をつかさどる者として配置しなければならない技術者。工事金額によっては主任技術者にかえて監理技術者を置く必要がある
>
> **監理技術者**：元請の特定建設業者が建設工事を施工するために締結した下請契約の請負代金総額が5,000万円以上（建築一式工事は8,000万円以上）になる場合に，工事現場における施工の技術上の管理をつかさどる者として配置しなければならない技術者。工事現場ごとに専任の者が必要となるが，監理技術者補佐を専任で配置する場合は，複数の工事を兼任することが可能となる

検定スケジュール

2級第一次検定は前期・後期試験があり，受検チャンスは年に2回あります。

区分＼月	3	4	5	6	7	8	9	10	11	12
前期	受検申込			試験日	合格発表					
後期					受検申込			試験日		合格発表

※日付は，試験機関ホームページまたは「受検の手引」を参照してください

2級土木第一次検定の内容

令和6年度2級第一次検定の出題内容は表のとおり。

出題分類		出題数		必要解答数
工学基礎	土質工学	2	5	5 (必須問題)
	構造力学	2		
	水理学	1		
一般土木	土工	4	11	9 (選択問題)
	コンクリート	4		
	基礎工	3		
専門土木	構造物	3	20	6 (選択問題)
	河川・砂防	4		
	道路舗装	4		
	ダム・トンネル	2		
	海岸・港湾	2		
	鉄道・地下構造物	3		
	上水道・下水道	2		
法規	労働基準法	2	11	6 (選択問題)
	労働安全衛生法	1		
	建設業法	2		
	道路関係法	1		
	河川関係法	1		
	建築基準法	1		
	騒音規制法	1		
	振動規制法	1		
	港則法	1		
共通工学	測量	1	4	4 (必須問題)
	契約・設計	2		
	機械	1		
施工管理法	施工計画	1	7	7 (必須問題)
	安全管理	2		
	品質管理	2		
	環境保全	1		
	建設リサイクル	1		
施工管理法 (基礎的な能力)	施工計画	2	8	8 (必須問題)
	工程管理	2		
	安全管理	2		
	品質管理	2		
合計		66		45

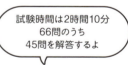

試験時間は2時間10分 66問のうち 45問を解答するよ

2級土木第一次検定の合格基準と合格率

第一次検定の合格基準は合格基準は「**得点が60％以上**」, つまり**45問中27問正解**できれば合格です。令和4〜6年度2級土木第一次検定の合格率は表のとおり。

年度	前期	後期※
令和6年度	43.0%	44.6%
令和5年度	42.9%	52.5%
令和4年度	63.4%	63.9%

※後期は第一次検定のみと第一次・第二次検定のうち第一次検定の合計

本書について

本書は，土木になじみのない方でも合格ラインに到達できるように，頻出ポイントに絞ってわかりやすくまとめています。ほかにも，効率よく学べるよう，次のような工夫をしています。

土木初心者でも安心！本文の理解を助ける「キソ知識」

直前対策にも活用できる「要点整理」

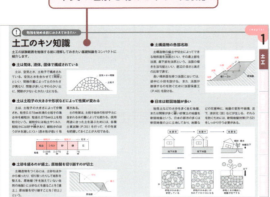

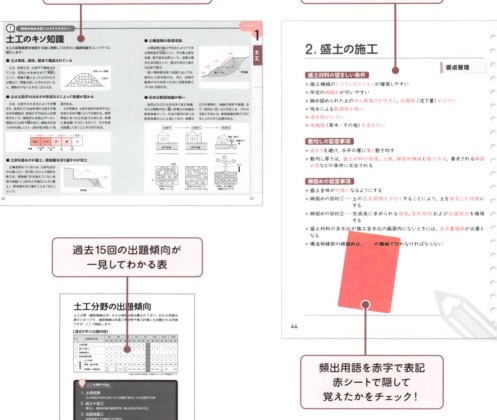

過去15回の出題傾向が一見してわかる表

頻出用語を赤字で表記 赤シートで隠して覚えたかをチェック！

ぼくは補足情報や学習のヒントを教えるよ！

ビーバー先生

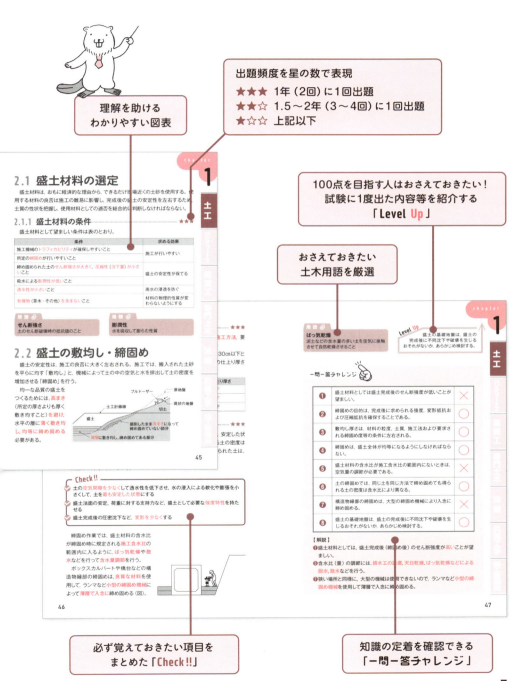

オススメの学習方法

土木施工管理技術検定の第一次検定は，同じ問題が繰り返し出題される傾向にあります。そのため，一番有効な試験対策は，過去問題を何度も繰り返し解くことです。本書では，過去問題を分析し，頻出ポイントに絞って解説しているため，まず本書を読み試験の傾向を理解しておくことで，効率よく合格にたどり着くことができるでしょう。

STEP 1 学習計画を立てる

学習開始は早ければ早いほどよいですが，ここでは受検申込前後から試験までの4か月間を学習期間と想定したおおまかな計画モデルを紹介します。

月	1か月目	2か月目	3か月目	4か月目	試験当日
前期	2月	3月（受検申込）	4月	5月	6月第1週目日曜日
後期	7月（受検申込）	8月	9月	10月	10月第4週目日曜日
学習内容	この本を読む	セコカンeトレ 開始	苦手分野を重点的に学ぶ	セコカンeトレ 直前追い込み	体調を万全にして試験にのぞむ

前期試験は後期試験より受検申込から試験当日までの期間が短いよ！

STEP 2 この本を読む（1か月目）

1週目は土工・コンクリート工，2週目は基礎工・専門土木（分野を2〜3個に絞る），3週目は共通工学・法規（法律を4〜5個に絞る），4週目は施工管理法，工学基礎知識といったように，章ごとに分けて読み進めるとよいでしょう。

STEP 3 | セコカンeトレ 開始 (2か月目)

セコカンeトレ（有料版）で解ける問題は925問。1日約30問解けば，1か月で全問をひととおり解くことができます。2級土木一次試験では，1問あたり2分半で解くのが目安です。毎日コツコツ学習すれば，いつの間にか問題を解くスピードがはやくなっていくはずです。

STEP 4 | 苦手分野を重点的に学ぶ (3か月目)

セコカンeトレでは，分野別の正解率を表示できるので，自分の得意分野や苦手分野がわかります。苦手分野の対策には，本書の該当部分を読み返したり，自分なりにノートにまとめるなどして，頭を整理しなおすとよいでしょう。セコカンeトレでは，自分が間違えた問題だけを選んで解くことができるので，苦手分野の克服に役立ちます。同時に，必須問題や出題頻度が高いといった問題は必ず正解できるようになりましょう。

> どうしても解けない問題が選択問題だったら，切り捨ててほかの問題を選ぶという手段もあるよ！

STEP 5 | 直前追い込み (4か月目)

セコカンeトレを使って，苦手分野を中心に過去問題を繰り返し解きます。法規などの得点しやすい分野は，必ず正答できるよう復習を忘れずに！！直前の振り返りには「要点整理」のページを活用してください。

STEP 6 | 試験当日

前日はしっかり寝て，マークシートを塗りやすい鉛筆やシャープペンシルを数本，消しゴム，受検票などの持ち物を確認しましょう。公共交通機関の遅れを考慮し，余裕をもって会場に向かってください。

セコカンeトレ 利用手順

セコカンeトレは，過去問題に挑戦できるWebサービス（有料版）です。過去15回分の問題（945問）を1年間何度でも解くことができます。また，令和6年度の前・後期132問分を無料で利用できる3週間のお試し体験期間も用意しています。
ここでは，スマートフォンでのセコカンeトレの利用手順を紹介します（パソコンでも同様の手順となります）。

無料体験登録

右の二次元コード
または
https://www.ias.or.jp/webbooks/2q_doboku_point
からサイトにアクセスする

❶ サイトにアクセスするとログイン画面が表示される。下にスクロールして表示される「新規登録」ボタンをタップする

❷ 新規仮登録画面に移動するので，氏名とメールアドレスを入力し，利用規約を一読して「プライバシーポリシーに同意し申込み手続きを続ける」ボタンをタップする

❸入力した内容を確認し「登録する」ボタンをタップする

❹「セコカンeトレ仮登録を受け付けました」というメッセージが表示される。手順❺でメールが届いていない場合は、「こちらをクリック」の文字をタップして再発行する

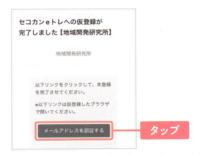

❺登録したアドレスにメールが届くので、「メールアドレスを承認する」をタップする

❻登録が完了し、マイページが表示される。お試し期間の残り日数が表示される

有料版申込み

❶マイページの下にあるメニューの「有料版申込み」をタップする

❷支払い選択画面に進むので、手順通り進めると、有料版に切り替わる

11

過去問題に挑戦する

❶ マイページの「過去問トレーニング」をタップする

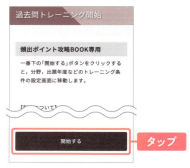

❷ 移動先のページの下にある「開始する」ボタンをタップする

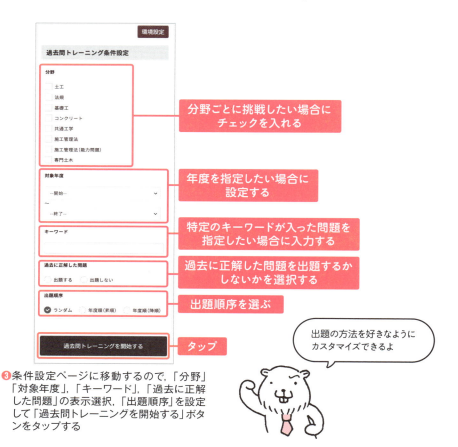

❸ 条件設定ページに移動するので,「分野」「対象年度」,「キーワード」,「過去に正解した問題」の表示選択,「出題順序」を設定して「過去問トレーニングを開始する」ボタンをタップする

出題の方法を好きなようにカスタマイズできるよ

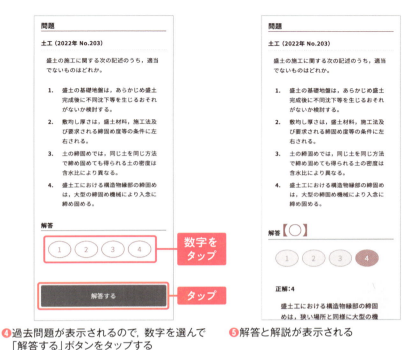

❹過去問題が表示されるので，数字を選んで「解答する」ボタンをタップする

❺解答と解説が表示される

学習状況を確認する

❶マイページの「過去問トレーニング実施状況集計」をタップする

❷解答状況が表示され，解答した問題数や正解率などがわかる

13

目次

はじめに	3
土木施工管理技術検定について	4
本書について	6
オススメの学習方法	8
セコカンeトレ 利用手順	10

工学基礎知識 17

土質工学	18
構造力学	22
水理学	27

第1章 土工 31

土工のキソ知識	32
土工分野の出題傾向	34
1. 土質試験	35
2. 盛土の施工	44
3. 法面保護工	48
4. 軟弱地盤対策	52
5. 建設機械	60

第2章 コンクリート工 73

コンクリートのキソ知識	74
コンクリート工分野の出題傾向	76
1. 材料	77
2. 性質・配合設計	84
3. 施工	89
4. 鉄筋工・型枠および支保工	94

第 3 章 基礎工 … 99

基礎工のキソ知識 … 100
基礎工分野の出題傾向 … 101
1. 土留め … 102
2. 既製杭工法 … 107
3. 場所打ち杭工法 … 112

第 4 章 専門土木 … 117

専門土木のキソ知識 … 118
専門土木分野の出題傾向 … 120
1. 構造物 … 123
2. 河川 … 134
3. 砂防・地すべり … 140
4. 道路舗装 … 145
5. ダム・トンネル … 155
6. 海岸・港湾 … 163
7. 鉄道・地下構造物 … 170
8. 上水道・下水道 … 179

第 5 章 法 規 … 187

法律のキソ知識 … 188
法規分野の出題傾向 … 190
1. 労働基準法 … 193
2. 労働安全衛生法 … 201
3. 建設業法 … 205
4. 道路関係法 … 214
5. 河川法 … 219
6. 建築基準法 … 224
7. 騒音規制法・振動規制法 … 228
8. 港則法 … 232

15

第6章 共通工学 ……… 237

共通工学のキソ知識 ……… 238
共通工学分野の出題傾向 ……… 239
1. 測量 ……… 240
2. 契約・設計 ……… 248

第7章 施工管理法 ……… 255

施工管理法のキソ知識 ……… 256
施工管理法分野の出題傾向 ……… 258
1. 施工計画 ……… 260
2. 工程管理 ……… 266
3. 安全管理 ……… 274
4. 品質管理 ……… 288
5. 環境保全・建設リサイクル ……… 299

令和6年度 新規問題

工学基礎知識

　令和6年度から新しく「工学基礎知識」5問が必須問題として出題されるようになりました。問題の内訳は，土の基本的な性質に関する「土質工学」から2問，土木構造物の力学に関する「構造力学」から2問，水の運動を力学的に取り扱う「水理学」から1問となっています。

　まだ出題傾向がはっきりしている分野ではないため，ここでは令和6年度前期の出題をメインに解説します。

【令和6年度の出題内容】

問題番号	項目	後期	前期
1	土質工学	土の構成（含水比）	土の構成（土粒子の密度）
2		土粒子の粒度区分	土の粒径加積曲線
3	構造力学	単純梁の曲げモーメント	単純梁の曲げモーメント
4		部材断面の図心	部材断面の図心
5	水理学	ベルヌーイの定理	開水路の等流計算（マニングの式）

土質工学	18
構造力学	22
水理学	27

1 土の構成

土質工学分野の1問目は，土の構成を表した模式図を使って，土粒子の密度（前期），含水比（後期）を求める式について出題された。

R6前期

下図の土の構成を表した模式図の記号を用いて，「土粒子の密度ρ_s」を求める次の式のうち，**正しいもの**はどれか。

(1) $\rho_s = \dfrac{m}{V}$

(2) $\rho_s = \dfrac{m_s}{V_s}$

(3) $\rho_s = \dfrac{V_v}{V_s}$

(4) $\rho_s = \dfrac{V_w}{V_v}$

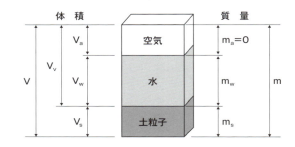

【解説】

土は，土粒子，水，空気の3つで構成されている（P.32「第1章 土工 土工のキソ知識」参照）。これらの体積や質量を知ることで，その土の持つ性質を把握できる。

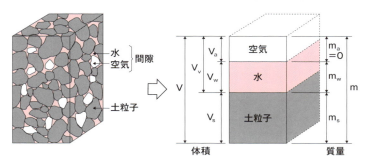

設問の「土粒子の密度ρ_s」は，土粒子の単位体積あたりの質量のことで，土粒子の質量m_sを土粒子の体積V_sで割った次式で表される。

土粒子の密度 $\boldsymbol{\rho_s = \dfrac{m_s}{V_s}}$ （g/cm³）

【正解】(2)

令和6年度 新規問題
工学基礎知識

Level Up

土の構成に関する出題では，土粒子の密度のほかに，次のような項目の求め方が問われる可能性が高い。

❶ 乾燥密度　$\rho_d = \dfrac{m_s}{V}$（g/cm³）

土の単位体積あたりの土粒子の質量

❷ 湿潤密度　$\rho_t = \dfrac{m}{V}$（g/cm³）

土の間隙中の水分を含めた土の単位体積あたりの質量

❸ 含水比　$\omega = \dfrac{m_w}{m_s} \times 100$（%）

土の間隙中に含まれる水の質量と土粒子の質量の比を百分率で表したもの

❹ 間隙比　$e = \dfrac{V_v}{V_s}$

土の間隙の体積と土粒子の体積の比

❺ 間隙率　$n = \dfrac{V_v}{V} \times 100$（%）

土の間隙の体積の土全体の体積に対する割合

❻ 飽和度　$S_r = \dfrac{V_w}{V_v} \times 100$（%）

土の間隙の中で水の体積が占める割合

令和6年度1級第一次検定でも
「湿潤密度」と「飽和度」を求める式が問われたよ！
これらの式をしっかり覚えておこう

土質工学

2 土の粒径加積曲線／土粒子の粒度区分

土質工学分野の2問目は，土の土粒子の粒度と分類に関する出題である。前期は土の粒径加積曲線から土粒子の粒径分布状況を読み取る問題が，後期は土粒子の粒度区分を示す呼び名の問題が出された。

R6前期

下図の土の粒径加積曲線に関する下記の文章中の □ の(イ)，(ロ)に当てはまる語句の組合せとして，**適当なもの**は次のうちどれか。

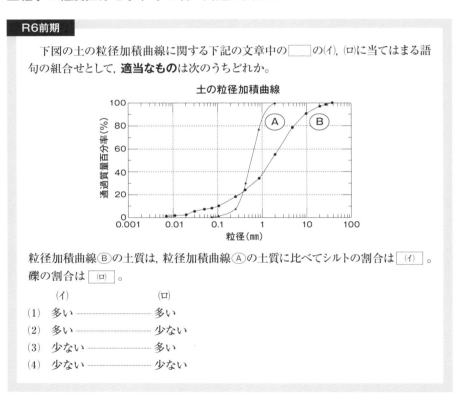

粒径加積曲線Ⓑの土質は，粒径加積曲線Ⓐの土質に比べてシルトの割合は (イ) 。礫の割合は (ロ) 。

	(イ)	(ロ)
(1)	多い	多い
(2)	多い	少ない
(3)	少ない	多い
(4)	少ない	少ない

【解説】

土は，構成する土粒子の大きさや形状などによって性質が変わる（P.32「第1章 土工 土工のキソ知識」参照）。土を構成する土粒子の大きさごとに，土全体に含まれる割合を求める試験を土の粒度試験（P.41「❸粒度試験」参照）といい，その結果は「粒径加積曲線」として表される。

令和6年度 新規問題
工学基礎知識

　粒径加積曲線は，横軸（対数目盛）に粒径（mm）を，縦軸（普通目盛）に通過質量百分率（％）をとり，試験結果をプロットした点を結んだ曲線である。

　土粒子は次の図に示すような粒径で区分され，その区分範囲に示す呼び名で表される。

　図より，設問の「シルト」は粒径の範囲が0.005㎜以上0.075㎜未満のもの，「砂」は0.075㎜以上2㎜未満のもの，「礫」は2㎜以上75㎜未満のものを指している。

　粒径加積曲線を確認すると，Ⓐ とⒷ の土は次のような割合で構成されていることがわかる。

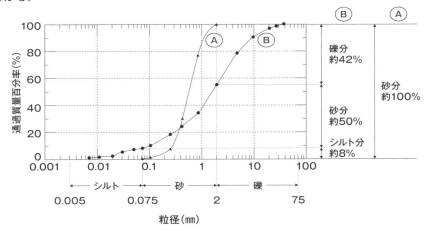

　Ⓑ の土質は，Ⓐ の土質に比べて，シルトの割合は**多い**（Ⓐ は0％，Ⓑ は約8％）。また，礫の割合は**多い**（Ⓐ は0％，Ⓑ は約42％）。

【正解】(1)

21

構造力学

3 単純梁の曲げモーメント

構造力学分野の1問目は単純梁の曲げモーメントに関する出題である。前期では曲げモーメントを求める際の決まりごと（手順）の正誤を問う問題が，後期では最大曲げモーメント値を求める式についての問題が出された。

R6前期

下図の単純梁に集中荷重Pが作用した時に生じる曲げモーメントを求める場合，次の記述のうち，**適当でないもの**はどれか。ただし，梁の自重は考慮しないものとする。

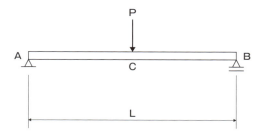

(1) 最初に定義する力の釣合い条件は，$\Sigma M = 0$ である。
(2) 両支点の反力は集中荷重Pに対し，支間長と各支点までの距離の比率で求める。
(3) 最大曲げモーメントは，支点反力や集中荷重Pを用いて点Cから各支点までの距離で求める。
(4) この梁の曲げモーメント図は支点ABを底辺とした上側の長方形で表す。

【解 説】

単純梁に集中荷重Pが作用したときに生じる曲げモーメントは，次の手順により求められる。

用語

曲げモーメント
物体を曲げようとする働きのこと。力と距離の積によって表される

この手順をおぼえておけば後期の問題も解けるよ！

令和6年度 新規問題
工学基礎知識

手順 ❶ 力の釣合いの3条件
複数の力が釣り合っているとき，次の3条件（力の釣合い条件）を満たしている。
・水平分力の和が0である：$\Sigma H = 0$
・鉛直分力の和が0である：$\Sigma V = 0$
・力のモーメントの和が0である：$\Sigma M = 0$ → (1)

> **用語**
> **釣合い**
> 物体に2つ以上の力が働いても，その物体の運動状態に変化がない状態

手順 ❷ 反力の計算
支点A，Bから荷重作用位置Cまでの距離をそれぞれa，bとし，集中荷重Pを受ける点をC，支点反力をR_AおよびR_Bとする。

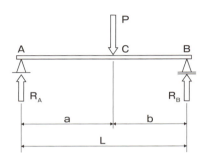

釣合いの3条件$\Sigma M = 0$から，支点Bのモーメントの和は0となるので，

$\Sigma M_B = R_A \times L - P \times b + R_B \times 0 = 0$

となり，次の式が求まる。

$R_A = \dfrac{Pb}{L}$，同様に $R_B = \dfrac{Pa}{L}$ → (2)

手順 ❸ 曲げモーメントの計算
点A，C，Bに生じる曲げモーメントをM_A，M_C，M_Bとすると，

$M_A = 0$

$M_C = R_A \times a = \dfrac{Pb}{L} \times a = \dfrac{Pab}{L}$ → (3)

$M_B = R_A \times L - P \times b$
$\quad = \dfrac{Pb}{L} \times L - Pb = 0$

となり，曲げモーメント図は支点ABを底辺とした下側の三角形となる。 → (4)

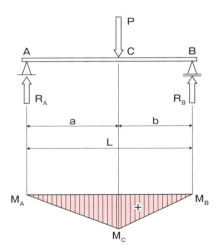

構造力学

(1) 手順 ❶ の式のとおり。
(2) 手順 ❷ の式より，両支点の反力は集中荷重Pに対し，支間長と各支点までの距離の比率で求められることがわかる。
(3) 手順 ❸ の計算過程より，最大曲げモーメント（M_C）は支点反力や集中荷重Pを用いて点Cから各支点までの距離で求められることがわかる。
(4) 手順 ❸ の図のとおり，この梁の曲げモーメント図は支点ABを底辺とした**下側の三角形**で表す。

【正解】(4)

4 部材断面の図心

構造力学分野の2問目は部材断面の図形の図心に関する出題である。前期では図心を求める際の決まりごと（手順）の正誤問題が，後期では図心を求める式についての問題が出された。ここでは，令和6年前期問題をもとに，図心の求め方について解説する。

R6前期

下図の逆T型断面の図形の図心Gに関する次の記述のうち，**適当でないもの**はどれか。ただし，図形の密度及び厚さは均一なものとする。

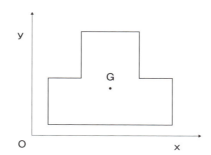

(1) 図心Gとは，その図形の重心である。
(2) 図心Gを求めるときには，図形を適当な形状の図形に分割して計算する。
(3) 断面形状が長方形の場合は，対角線の交点が図心である。
(4) 図心Gは，x軸，y軸に対する断面二次モーメントが共に0となる直交軸の交点である。

【解説】

　図心とは，部材断面の図形の中心のことであり，部材の厚さが均一であれば，その図形の重心と一致する。　　　　　　　　→(1)

　図形の図心G（x_o, y_o）は，次の手順により求められる。

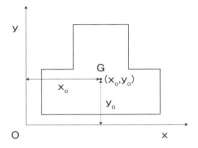

> **用語**
> **重心**
> 図形上に一様に質量を分布させたときの質量中心

手順❶　図形の分割

　複雑な断面形状の図心を求める場合，図形の中心があきらかな，単純な形状に分割して計算する。　　　　　　　　　　　　→(2)

　ここでは，右図のような2つの長方形（A_1およびA_2）に分割する。断面形状が正方形や長方形の場合は，対角線の交点（G_1およびG_2）が図心となる。　　　　　　→(3)

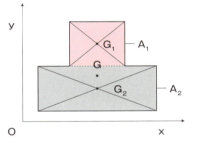

手順❷　断面一次モーメントの計算

　図心を求めるには，まず断面一次モーメントを求める必要がある。図心Gの断面一次モーメント（Q_xおよびQ_y）は，分割した断面ごとに求め，断面積に距離（座標値）をかけ合わせたものの和で求められる。

> **用語**
> **断面一次モーメント**
> 図形上に一様に質量を分布させたときの質量中心。単位はmm³で表す

構造力学

右図のような数値が与えられた場合,

・図形A₁について
断面積A_1 = 200×200
　　　　 = $4×10^4$ (mm²)
x軸から図形A₁の中心までの距離y_1
　　　　 = 50+200+100 = 350 (mm)
y軸から図形A₁の中心までの距離x_1
　　　　 = 100+100 = 200 (mm)

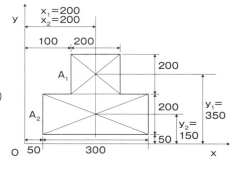

・図形A₂について
断面積A_2 = 200×300 = $6×10^4$ (mm²)
x軸から図形A₂の中心までの距離y_2 = 50+100 = 150 (mm)
y軸から図形A₂の中心までの距離x_2 = 50+150 = 200 (mm)

したがって,断面一次モーメントQ_x, Q_yは次のようになる。

$Q_x = A_1 y_1 + A_2 y_2 = 4×10^4 × 350 + 6×10^4 × 150 = 23×10^6$ (mm³)
$Q_y = A_1 x_1 + A_2 x_2 = 4×10^4 × 200 + 6×10^4 × 200 = 20×10^6$ (mm³)

手順❸　図心の計算

図心は,次式により求められる。

$x_0 = \dfrac{Q_y}{A}$, $y_0 = \dfrac{Q_x}{A}$

($A = A_1 + A_2 = 4×10^4 + 6×10^4 = 10×10^4$)

手順❷で求めた数値を代入すると,

$x_0 = 20×10^6 ÷ 10×10^4 = 200$ (mm)
$y_0 = 23×10^6 ÷ 10×10^4 = 230$ (mm)

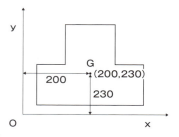

また,図心Gは,断面一次モーメントがともに0となる直交軸の交点である。　　　　　　　　→(4)

後期では図心GのX軸からの高さ（解説の断面一次モーメントy_0）を求める式が問われたよ

(1)　解説のとおり。
(2)(3)　手順❶のとおり。
(4)　手順❸のとおり。設問の**断面二次モーメントは,曲げに対する強さを表すもの**である。

【正解】(4)

水理学

令和6年度 新規問題
工学基礎知識

5-1 開水路の等流計算 （マニングの式）

水理学分野では，前期はマニングの式を用いた開水路の等流計算を行う問題が出された。

R6前期

下図のような定常流の流れの水路において水深H，幅Bにおける流量Qを求める次の式のうち，**正しいもの**はどれか。ただし，平均流速vはマニングの式を用いて求めるものとし，nは粗度係数，Iは動水勾配を表す。

(1) $Q = \dfrac{1}{n} \times BH \times \left(\dfrac{BH}{2H+B}\right)^{\frac{2}{3}} \times I^{\frac{1}{2}}$

(2) $Q = n \times BH \times \left(\dfrac{BH}{2H+B}\right)^{\frac{2}{3}} \times I^{\frac{1}{2}}$

(3) $Q = \dfrac{1}{n} \times BH \times \left(\dfrac{2H+B}{BH}\right)^{\frac{2}{3}} \times I^{\frac{1}{2}}$

(4) $Q = n \times BH \times \left(\dfrac{2H+B}{BH}\right)^{\frac{2}{3}} \times I^{\frac{1}{2}}$

【解 説】

右図のような開水路において，水の流れ方向の垂直な横断面のうち，流水の占める面積を流水断面積または流積A（m²）という。また，水に接する部分を潤辺S，流積を潤辺で割ったものを径深Rといい，次式で表される。

$R = \dfrac{A}{S}$ …… 式❶

水理学

　流積内のある点を通る水粒子の速度をその点における流速v_iという。流速は流積内の各点で異なるが、一般に流積内の平均流速v（m/s）を用いる。下図のように単位時間内に流積A（m²）を通過する水の量を流量Q（m³/s）という。流積A，平均流速v，流量Qの間の関係は、次式で表される。

　$Q = Av$　……　式❷

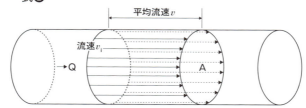

　水の流れの状態は、時間や場所によって変わる事が多い。流量が時間とは無関係に変わらない流れのことを定常流といい、水路の流積・横断面形状や流速が常に一定であるような流れを等流という。

　開水路の等流計算には、マニングの式が用いられ、次式で表される。

$v = \dfrac{1}{n} R^{\frac{2}{3}} I^{\frac{1}{2}}$　……　式❸

v：平均流速（m/s），n：粗度係数，R：径深（m），I：動水勾配　を示す。

　式❷より、流量QはQ＝Avで求められるので、式❸のマニングの式を代入して、

$Q = A \times \dfrac{1}{n} \times R^{\frac{2}{3}} \times I^{\frac{1}{2}}$

さらにここへ、
　A：流水の断面積　A＝ 幅B × 水深H
　S：潤辺　S＝ 2H + B
　R：径深　$R = \dfrac{A}{S}$（式❶）$= \dfrac{BH}{2H+B}$

を式に代入すると、

$Q = \dfrac{1}{n} \times BH \times \left(\dfrac{BH}{2H+B}\right)^{\frac{2}{3}} \times I^{\frac{1}{2}}$　となる。

【正解】(1)

式❶〜❸をしっかり覚えておこう！

5-2 ベルヌーイの定理

水理学分野の後期では，ベルヌーイの定理における水頭名を選ぶ問題が出された。

R6後期

下図の完全流体におけるベルヌーイの定理において，水頭名の次の組合せのうち，**適当なもの**はどれか。ただし，水の密度はρ，重力の加速度はg，断面①，②における平均流速はv_1，v_2，圧力の強さはp_1，p_2とし，一つの水平面を基準にとって断面①，②の基準面から流れの中心までの高さをz_1，z_2とする。

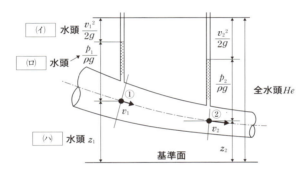

	(イ)	(ロ)	(ハ)
(1)	速度	圧力	位置
(2)	圧力	位置	速度
(3)	位置	速度	圧力
(4)	速度	位置	圧力

【解説】

ベルヌーイの定理とは，水が持つ運動エネルギー，位置エネルギー，圧力エネルギーの和が常に一定であるという完全流体における関係性のことをいい，次の式で表される。

$$\frac{v^2}{2g} + z + \frac{p}{\rho g} = He = 一定 \quad \cdots\cdots 式\mathbf{❶}$$

ρ：水の密度（kg/m³），v：流速（m/s），p：圧力（Pa），g：重力加速度（m/s²），z：高さ（m）を示す。

なお，式❶は，水の流れにエネルギー保存の法則をあてはめたもので，断面によって各水頭が変化しても，和は一定である。

水理学

ベルヌーイの定理より，設問図のような管水路において，断面①と②には次式のような関係が成り立つ。

$$\frac{v_1^2}{2g} + z_1 + \frac{p_1}{\rho g} = \frac{v_2^2}{2g} + z_2 + \frac{p_2}{\rho g} \quad \cdots\cdots 式❷$$

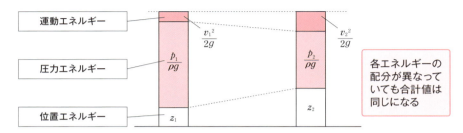

式❶，❷の第1項は水がもつ運動エネルギー，第2項は位置エネルギー，第3項は圧力によるエネルギーに相当するものである。これらの各エネルギーはすべて長さの次元で表されている。したがって，$\frac{v^2}{2g}$ を速度水頭，z を位置水頭，$\frac{p}{\rho g}$ を圧力水頭，これらの和 He を全水頭という。よって，あてはまる言葉は図のとおり。

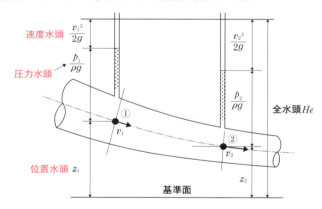

【正解】(1)

第 **1** 章

土 工

　土工とは，土木工事において土を掘り，運び，盛り立て，締め固めるなどの基本となる重要な作業をいいます。構造物の土台となる土工がきちんとなされていないと，構造物ができあがったあとに沈下等の不具合が生じたり，大雨や地震などの災害が起きたときに大きな被害に繋がるおそれがあります。このようなことが起こらないように，調査・設計・施工の各工程でしっかりと作業が行われるように管理することは，施工管理技士の仕事のひとつです。

土工のキソ知識 ………………………………………………… 32

土工分野の出題傾向 …………………………………………… 34

1. 土質試験 ………………………………………………………… 35

2. 盛土の施工 …………………………………………………… 44

3. 法面保護工 …………………………………………………… 48

4. 軟弱地盤対策 ………………………………………………… 52

5. 建設機械 ……………………………………………………… 60

> 勉強を始める前におさえておきたい

土工のキソ知識

土工の試験範囲を勉強する前に理解しておきたい基礎知識をコンパクトに紹介します。

● 土は気体，液体，固体で構成されている

土は，空気と水，土粒子で構成されている。空気と水を合わせて「間隙(かんげき)」といい，間隙の量によって土のかたさが異なり，間隙が多いとやわらかい土に，間隙が少ないとかたい土になる。

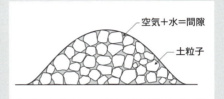

● 土は土粒子の大きさや形状などによって性質が変わる

土は，土粒子の大きさによって分類され，粒径0.075mm未満の土粒子の集合体を細粒分，粒径0.075mm以上を粗粒分という。細粒分には粘土やシルト，粗粒分には砂や礫(れき)があり，細粒分のほうが水を通しにくい（透水性が低い）性質がある。

土の性質は，土粒子自体の形状や土に含まれる水の量によっても変わる。使用用途に合った土を選ぶためには，各種土質試験（P.35）を行って，その性質を把握しておくことが大切である。

● 土砂を盛るのが盛土，原地盤を切り崩すのが切土

土構造物をつくるには，土砂をほかから補ったり，切り取ったりして地形を整える。原地盤（手を加えていない自然の地盤）に土砂などを盛ることを「盛土」，原地盤を切り崩すことを「切土」という。

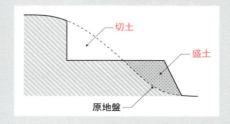

● 土構造物の各部名称

　土構造物の盛土や切土によってできる傾斜面を法面といい，その最上部を法肩，最下部を法尻という。法面の傾きを法勾配といい，底辺の長さと高さの比率で表す。

　長い傾斜面を持つ法面においては，途中に小段を設ける。また，法面が崩壊するのを防ぐために法面保護工（P.48）を設ける。

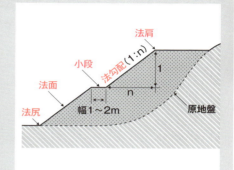

● 日本は軟弱地盤が多い

　粘性土などの水分を多く含む地盤，または間隙が多く緩い砂質土の地盤を軟弱地盤という。日本の都市の多くは軟弱地盤の上に立地しており，地震などの災害時に，地盤の変形や崩壊，沈下，液状化（図）などが生じる。それらを防ぐためには，軟弱地盤対策（P.52）をしっかり行う必要がある。

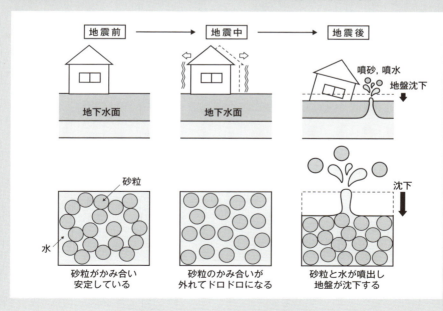

土工分野の出題傾向

土工分野（建設機械は土木作業のみ）からは毎回4問出題されており、おもな内容は表のとおりです。建設機械は共通工学分野や施工計画にも出題される内容ですが、ここで解説します。

【過去15回の出題内容】

No.	出題項目分類		R6後	R6前	R5後	R5前	R4後	R4前	R3後	R3前	R2後	R2前	R元後	R元前	H30後	H30前	H29後	H29前
1	土質試験						2	2	2	2	2		1	1	1	1	1	1
2	盛土の施工		8	8	3	3	3	3	3	3	3		3	3		3	3	3
3	法面保護工		7	7	2	2												
4	軟弱地盤対策		9	9	4	4	4	4	4	4	4		4	4	4	4	4	4
5	建設機械	土工作業	6	6	1	1	1	1	1	1	1		2	2	2	2	2	2
		規格,適応作業	51	51	46	46	46	46	46	46	46		46	46	46	46	46	46
		作業量,作業効率	59 60		54 55	55	54 55	55	55	55	49		49	49	3 49	49		49

※表中の数字は試験に出題されたときの問題番号です。

ここを問われる！

1. 土質試験
土の性質を知るために行う試験の名称とその結果の利用
※「土質試験」はR5から出題はないが、ほかの問題とも関連する内容であるため、一読しておくことをおすすめする

2. 盛土の施工
敷均し・締固め時の留意事項，盛土材料の条件など

3. 法面保護工
法面保護工の種類とその目的

4. 軟弱地盤対策
軟弱地盤における改良工法の名称と目的

5. 建設機械
土工作業で使用する建設機械の用途
共通工学分野（規格，適応作業）や施工計画（作業量，作業効率）でも出題される

> 土質試験や法面保護工，軟弱地盤対策工法などの種類が多いものについては，頻出のものに絞って紹介しているよ

1. 土質試験

要点整理

土質試験の種類と結果の利用方法

		試験名	得られるもの	結果の利用
原位置試験		標準貫入試験	N値	土の硬軟・締まりぐあいの判定, 地層の判別
		スクリューウエイト貫入試験（スウェーデン式サウンディング試験）	静的貫入抵抗（W_{sw}, N_{sw}値）	土の硬軟・締まりぐあいの判定
		ポータブルコーン貫入試験	コーン指数（q_c）	建設機械の走行性（トラフィカビリティ）の判定
		単位体積質量試験（砂置換法, RI計器による方法）	湿潤密度乾燥密度	締固めの施工管理
		平板載荷試験	地盤反力係数（K）	締固めの施工管理
		現場CBR試験	CBR（支持力）	締固めの施工管理
		現場透水試験	透水係数（k）	地盤改良工法の設計, 透水関係の設計計算
室内試験	土の判別分類	土粒子の密度試験	土粒子の密度	間隙比, 飽和度, 空気間隙率の計算
		含水比試験	含水比	土の基本的性質の計算
		粒度試験	粒径加積曲線	粒度による土の分類, 材料としての土の判定
		コンシステンシー試験	液性限界, 塑性限界, 塑性指数	盛土材料の適否の判断・選定
	土の力学的性質	締固め試験	最大乾燥密度最適含水比	締固め度・施工含水比の管理
		せん断試験（一軸圧縮試験など）	内部摩擦角（φ）粘着力（c）	斜面の安定計算, 原地盤の支持力の推定, 基礎の支持力の推定
		圧密試験	圧縮指数, 圧密係数	粘性土地盤の沈下量・沈下速度の推定

35

1.1 土質試験とは

土質試験は，原位置試験と室内試験に分類される。原位置試験は，土がもともとの位置にある自然の状態のままで実施する試験で，現場で比較的簡易に土質を判定したい場合や，室内試験を行うための乱さない試料（地盤内の状態を保った試料）の採取が困難な場合に行う。

室内試験は，現場で採取した土を持ち帰って行う試験で，土の判別分類のための試験と土の力学的性質を求める試験に分けられる。

1.2 原位置試験

原位置試験には，サウンディング試験，単位体積質量試験，その他の試験がある。

1.2.1 サウンディング試験

サウンディング試験は，ロッド先端に取り付けた抵抗体を土中に挿入し，これに貫入，回転，引き抜きなどの荷重をかけて，その際の地盤抵抗から土の性状を調査する方法であり，次の3つの試験がある。

❶ 標準貫入試験　★★★

試験内容：ボーリングと併用して，掘削1mごとに実施する。ハンマーを落下させて，ボーリング孔先端の地盤中にサンプラーを30cm貫入させるのに要する打撃回数（N値）を求める。

結果の活用：土の硬軟・締まりぐあいの判定，地層の判別

> **用語**
> **ボーリング**
> 地質調査などを目的として地中に細く深い穴を掘ること

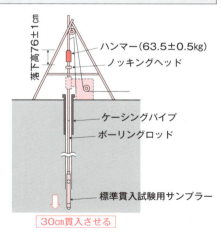

36

❷ スクリューウエイト貫入試験（スウェーデン式サウンディング試験） ★☆☆

試験内容：ロッドの先端に取り付けたスクリューポイントを，❶静的荷重（おもり）を50Nから1kNまで順次かけて地盤中に貫入させ，そのときの荷重（W_{SW}）と貫入量の関係を記録する。❷貫入しなくなったらロッドを回転させて，さらに25cm貫入させるのに要する半回転数から換算した貫入量1mあたりの半回転数（N_{SW}）を記録する。このときの貫入量と半回転数の関係から静的貫入抵抗を求める。

結果の活用：土の硬軟・締まりぐあいの判定

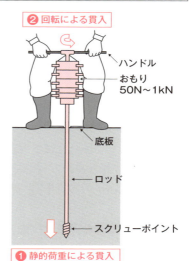

❸ ポータブルコーン貫入試験 ★★☆

試験内容：ロッドの先端にコーン（先端角度30°，底断面積6.45cm²）を装着したハンドル付きの貫入棒を，速さ1cm/secで人力により地中に貫入させ，そのときのコーン貫入抵抗値からコーン指数q_cを求める。人力で行うため，比較的浅い層の軟弱地盤の土質などに用いられる。

結果の活用：建設機械の走行性（トラフィカビリティ）の判定

> **用語**
> **トラフィカビリティ**
> 軟弱な土の上における建設機械の走行性を表す程度。コーン指数q_cで示される（P.67）

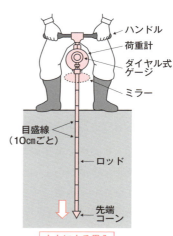

1.2.2 単位体積質量試験（現場密度測定）

地山または盛土の単位体積あたりの質量（密度）を求めるための試験であり，次の3つの方法がある。

❶ 砂置換法 ★★☆

試験内容：現場で穴を掘り，掘り出した土の質量を計測する。その穴に質量と体積の関係が判明している試験用砂を埋め戻す。投入された試験用砂の質量から穴の体積を求めて，掘り出した土の単位体積あたりの質量（密度）を求める。

結果の活用：締固めの施工管理

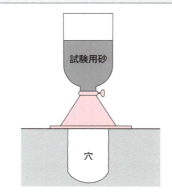

❷ コアカッター法 ★☆☆

試験内容：土中に試験用モールドを静的に圧入して現場の土を抜き取り，その土の質量と体積を測定して密度を求める。粗粒分を含まない粘性土に適する。

結果の活用：締固めの施工管理

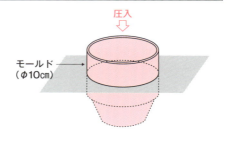

❸ RI（ラジオアイソトープ）計器による方法 ★☆☆

試験内容：ガンマ線や中性子線を利用した方法であり，線源から土中を伝わって検出されるガンマ線量や中性子線量から，湿潤密度や含水量を求める。非破壊で測定できるので，短時間で結果が出る。また，同一箇所での繰り返し測定が可能である。

結果の活用：締固めの施工管理

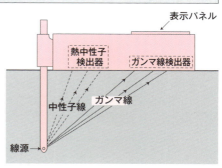

1.2.3 その他の試験

サウンディング試験と単位体積質量試験以外の試験には，次のようなものがある。

❶ 平板載荷試験 ★☆☆

試験内容：地表面に置かれた直径30cmの鋼製円盤（載荷板）に対して段階的に荷重を加えていき，各荷重に対する沈下量（地盤反力係数）を求める。
結果の活用：締固めの施工管理

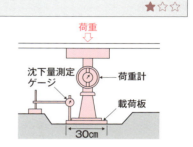

❷ 現場CBR試験 ★☆☆

試験内容：地表面に置いた直径5cmのピストンを所定の深さ（2.5mm）に貫入させるときの荷重強さを測定し，その貫入量における標準荷重強さ※と比較して相対的な強さ（CBR）を求める。
結果の活用：締固めの施工管理

※標準荷重強さは，代表的なクラッシャーランを使って供試体を作成して貫入試験を繰り返し，その平均値をCBR100%として定めたものである。

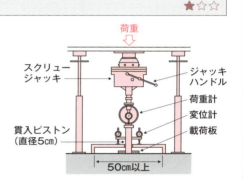

❸ 現場透水試験 ★☆☆

試験内容：井戸あるいは観測井（ボーリング孔）を用いて，地盤の透水係数（水の通りやすさを示す係数）を直接測定する。水をくみ上げて周辺の地下水の変動を観測する揚水試験や，水を注入して水位の変化を観測する注水試験などがある。
結果の活用：掘削工事や切土工事に伴う湧水量の算定，排水工法の検討，地下水位低下対策，地盤改良工法の設計，止水効果の確認など

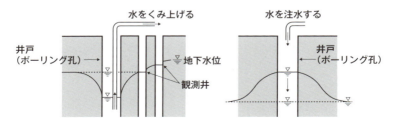

39

1.3 室内試験

室内試験は，土の判別分類のための試験と，土の力学的性質を求める試験に分けられる。

1.3.1 土の判別分類のための試験

土の判別分類のための試験は，土を構成する土粒子・水・空気の体積や質量を調べることで，その土の持つ性質を把握するものである。

次の❶〜❹の試験によって判明した体積や質量などを
P.18-19の式に代入することによって，
土の含水比や間隙比などを求めることができるよ

❶ 土粒子の密度試験 ★☆☆

試験内容：土の固体部分の単位体積あたりの質量（土粒子の密度）を求める。
結果の活用：間隙比，飽和度，空気間隙率の計算

❷ 土の含水比試験 ★☆☆

試験内容：土中に含まれる水の質量と土の乾燥質量の比（含水比）を締固め試験により求める。
結果の活用：締固め管理，土の基本的性質の計算

締固め試験
土の含水比を変化させて一定の方法で突き固め，乾燥密度と含水比の関係を求める試験

❸ 粒度試験 ★☆☆

試験内容：土中に含まれている種々の大きさの土粒子が，土全体の中で占める割合の質量百分率を求める。試験結果から得られた粒径の分布状態を**粒径加積曲線**（表の読み方はP.20-21参照）で表す。

結果の活用：**粒度**による土の分類，**土**（特に**砂質土**）**の性質**の判定，路盤材・裏込め材の良否の判定，軟弱な砂地盤の液状化の判定

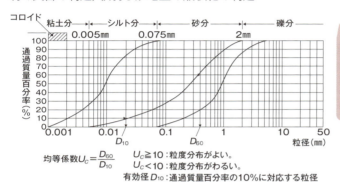

均等係数 $U_c = \dfrac{D_{60}}{D_{10}}$　$U_c \geqq 10$：粒度分布がよい。
$U_c < 10$：粒度分布がわるい。
有効径 D_{10}：通過質量百分率の10%に対応する粒径

粒径加積曲線の例

> **用語** 🔗
> **裏込め材**
> 構造物の安全を図るために，護岸などの背面に詰める材料

❹ コンシステンシー試験（液性限界試験，塑性限界試験） ★★☆

試験内容：含水量によって土の状態が変化することや，変形のしやすさが異なることを土のコンシステンシーという。土が固体から半固体，塑性体，液体と変化する限界の含水比を求める。含水比と土の状態の関係は図のとおり。

結果の活用：**盛土材料の適否**の判断・選定

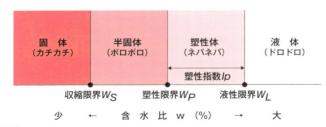

> **用語** 🔗
> **塑性限界／液性限界／塑性指数**
> 塑性限界は，土が塑性体から半固体の状態に移る境界の含水比のこと。液性限界は，土が液体から塑性体の状態に移る境界の含水比のこと。塑性指数は，液性限界と塑性限界の差のこと。つまり，土が塑性を示す含水比の幅のことをいう

1.3.2 土の力学的性質を求める試験

土の力学的性質を求める試験は，締固め特性や変形特性，強度など土工の設計に必要な土の定数を求めるものである。

❶ 締固め試験 ★☆☆

試験内容：土を締め固めて質量・体積・含水比を測定し，湿潤密度と乾燥密度を算定する。さらに含水比を変化させて試験を行うと，乾燥密度と含水比の関係を締固め曲線（図）として表すことができ，最大乾燥密度と最適含水比がわかる。

結果の活用：締固め度・施工含水比の管理

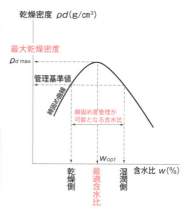

> **用語** 📎
> **最大乾燥密度**
> 土が一番締め固まったときの土粒子だけの密度
> **最適含水比**
> 最大乾燥密度の含水比

❷ せん断試験 ★★☆

試験内容：土をある面でせん断するとき，その面上に働くせん断強さとせん断応力を測定し，内部摩擦角φ（土粒子の機械的なかみ合わせによって生じる抵抗）や粘着力c（土粒子が互いに引き合う力に起因する抵抗力）を求める。一面せん断試験，一軸圧縮試験，三軸圧縮試験がある。図の一軸圧縮試験では，せん断強さ（一時圧縮強さ）を求め，関係式から粘着力がわかる。

結果の活用：斜面の安定計算，原地盤の支持力・基礎の支持力の推定

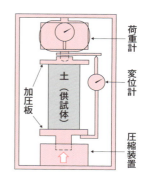

> **用語** 📎
> **せん断**
> 面の上下に逆向きの力をかけ，すべりを生じさせること
> **せん断応力**
> せん断破壊時のせん断力に対して断面に生じる力のこと

③ 圧密試験 ★★★

試験内容：粘性土地盤の載荷重による継続的な沈下（圧密による地盤の沈下）の解析を行う場合に必要となる圧密特性（沈下量と経過時間の関係）を測定する。この結果から，圧縮指数や圧密係数などが求められる。

結果の活用：沈下量・沈下速度の推定

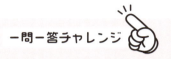

一問一答チャレンジ

❶	砂置換法による土の密度試験の結果は，地盤改良工法の設計に利用される。	×
❷	標準貫入試験の結果は，地盤の透水性の判定に利用される。	×
❸	ポータブルコーン貫入試験の結果は，建設機械の走行性の判定に利用される。	○
❹	ボーリング孔を利用した現場透水試験の結果は，地盤改良工法の設計に利用される。	○
❺	コンシステンシー試験の結果は，盛土材料の適否の判断に利用される。	○
❻	突固めによる土の締固め試験の結果は，盛土の締固め管理において，締固め度や施工含水比の管理基準として利用される。	○
❼	土の圧密試験の結果は，地盤の液状化の判定に利用される。	×

【解説】
❶砂置換法による土の密度試験の結果は，土の締まり具合の良否の判定に利用される。
❷標準貫入試験の結果は，土の硬軟の判定や地層の判別に利用される。
❼土の圧密試験の結果は，粘性土地盤の載荷重による継続的な沈下量・沈下速度の推定に利用される。

2. 盛土の施工

要点整理

盛土材料の望ましい条件

- 施工機械のトラフィカビリティが確保しやすい
- 所定の締固めが行いやすい
- 締め固められた土のせん断強さが大きく、圧縮性（沈下量）が小さい
- 吸水による膨潤性が低い
- 透水性が小さい
- 有機物（草木・その他）を含まない

敷均しの留意事項

- 高まきを避け、水平の層に薄く敷き均す
- 敷均し厚さは、盛土材料の粒度、土質、締固め機械と施工方法、要求される締固め度などの条件に左右される

締固めの留意事項

- 盛土全体が均等になるようにする
- 締固めの目的① … 土の空気間隙を少なくすることにより、土を安定した状態にする
- 締固めの目的② … 完成後に求められる強度、変形抵抗および圧縮抵抗を確保する
- 盛土材料の含水比が施工含水比の範囲内にないときには、含水量調節が必要となる
- 構造物縁部の締固めは、小型の機械で行わなければならない

2.1 盛土材料の選定

盛土材料は、おもに経済的な理由から、できるだけ現場近くの土砂を使用する。使用する材料の良否は施工の難易に影響し、完成後の盛土の安定性を左右するため、土質の性状を把握し、使用材料としての適否を総合的に判断しなければならない。

2.1.1 盛土材料の条件 ★★★

盛土材料として望ましい条件は表のとおり。

条件	求める効果
施工機械のトラフィカビリティが確保しやすいこと	施工が行いやすい
所定の締固めが行いやすいこと	
締め固められた土のせん断強さが大きく、圧縮性（沈下量）が小さいこと	盛土の安定性が保てる
吸水による膨潤性が低いこと	
透水性が小さいこと	雨水の浸透を防ぐ
有機物（草木・その他）を含まないこと	材料の物理的性質が変わらないようにする

用語
せん断強さ
土のせん断破壊時の抵抗値のこと

用語
膨潤性
水を吸収して膨らむ性質

2.2 盛土の敷均し・締固め

盛土の安定性は、施工の良否に大きく左右される。施工では、搬入された土砂を平らに均す「敷均し」と、機械によって土の中の空気と水を排出して土の密度を増加させる「締固め」を行う。

均一な品質の盛土をつくるためには、高まき（所定の厚さよりも厚く敷き均すこと）を避け、水平の層に薄く敷き均し、均等に締め固める必要がある。

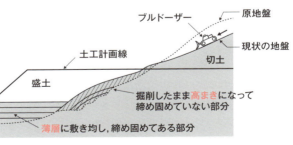

2.2.1 敷均し ★★★

敷均し厚さは，盛土の種類，盛土材料の粒度，土質，締固め機械と施工方法，要求される締固め度などの条件によって左右される。

道路盛土の場合，一般に，路体では1層の締固め後の仕上り厚さを30cm以下とし，敷均し厚さを35～45cm以下にする。路床では1層の締固め後の仕上り厚さを20cm以下とし，敷均し厚さを25～30cm以下とする（表）。

工種		敷均し厚さ	締固め後の仕上り厚さ
道路盛土	路体	35～45cm以下	30cm以下
	路床	25～30cm以下	20cm以下
河川堤防		35～45cm以下	30cm以下

2.2.2 締固め ★★★

高密度に締め固められた土は，外部からの水浸の影響を受けにくく，安定した状態を保つことができる。同じ土を同じ方法で締め固めても，得られる土の密度は含水比により異なる。また，最適含水比で最大乾燥密度に締め固められた土は，間隙が最小になる。

締固めの目的は次のとおり。

Check!!
- 土の空気間隙を少なくして透水性を低下させ，水の浸入による軟化や膨張を小さくして，土を最も安定した状態にする
- 盛土法面の安定，荷重に対する支持力など，盛土として必要な強度特性を持たせる
- 盛土完成後の圧密沈下など，変形を少なくする

締固め作業では，盛土材料の含水比が締固め時に規定される施工含水比の範囲内に入るように，ばっ気乾燥や散水などを行って含水量調節を行う。

ボックスカルバートや橋台などの構造物縁部の締固めは，良質な材料を使用して，ランマなど小型の締固め機械によって薄層で入念に締め固める（図）。

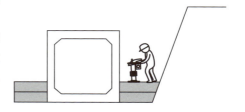

用語

ばっ気乾燥
泥土などの含水量の多い土を空気に接触させて自然乾燥させること

Level Up
盛土の基礎地盤は，盛土の完成後に不同沈下や破壊を生じるおそれがないか，あらかじめ検討する。

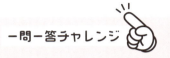

❶	盛土材料としては盛土完成後のせん断強度が低いことが望ましい。	×
❷	締固めの目的は，完成後に求められる強度，変形抵抗および圧縮抵抗を確保することである。	○
❸	敷均し厚さは，材料の粒度，土質，施工法および要求される締固め度等の条件に左右される。	○
❹	締固めは，盛土全体が均等になるようにしなければならない。	○
❺	盛土材料の含水比が施工含水比の範囲内にないときは，空気量の調節が必要である。	×
❻	土の締固めでは，同じ土を同じ方法で締め固めても得られる土の密度は含水比により異なる。	○
❼	構造物縁部の締固めは，大型の締固め機械により入念に締め固める。	×
❽	盛土の基礎地盤は，盛土の完成後に不同沈下や破壊を生じるおそれがないか，あらかじめ検討する。	○

【解説】
❶盛土材料としては，盛土完成後（締固め後）のせん断強度が高いことが望ましい。
❺含水比（量）の調節には，排水工の設置，天日乾燥，ばっ気乾燥などによる脱水，散水などを行う。
❼狭い場所と同様に，大型の機械は使用できないので，ランマなど小型の締固め機械を使用して薄層で入念に締め固める。

3. 法面保護工

要点整理

法面保護工の種類と目的

分類	工種	目的
植生工	種子吹付工（種子散布工）	浸食防止, 凍上崩落抑制, 植生による早期全面被覆
植生工	張芝工	芝の全面張り付けによる浸食防止, 凍上崩落抑制, 早期全面被覆
植生工	筋芝工	盛土で芝の筋状張り付けによる浸食防止, 植物の侵入・定着の促進
構造物工	モルタル吹付工	風化防止, 浸食防止, 表流水の浸透防止
構造物工	コンクリート張工	法面表層部の崩落防止, 多少の土圧を受けるおそれのある箇所の土留め, 岩盤はく落防止
構造物工	ブロック積擁壁工	ある程度の土圧に対抗して崩壊防止

法面保護工は令和5年度から出題されるようになったよ。工種と目的の組合せをしっかり覚えておこう！

3.1 法面保護工の種類

日本では，梅雨・台風などによる集中豪雨を受けることが多く，法面を処置せずに放置しておくと，浸食作用を受けて，土砂流出や斜面崩壊の事故を起こすことがしばしばある。法面保護工は，法面の風化・浸食を防止して法面の安定を図るもので，植物を用いて法面を保護する**植生工**と，コンクリート・石材などの構造物を用いる**構造物工**に分けられる。

3.1.1 植生工

植生工は，法面に芝などの植物を繁茂させることによって，法面の浸食や表層のすべりを防止し，あわせて緑化による自然環境への調和を図るものである。ここでは，代表的なものを3つ取り上げる。

❶ 種子吹付工（種子散布工） ★★☆

施工方法：種子，肥料，ファイバーを水に混合して，法面にポンプまたは吹付機械で吹き付ける。
目的：法面の**浸食防止**，**凍上崩落の抑制**，植生による早期全面被覆

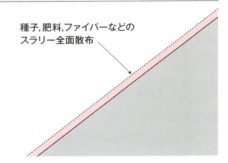

❷ 張芝工 ★☆☆

施工方法：芝を隙間なく法面全面に密着するように張り付け，目ぐしなどで固定する。
目的：芝の全面張付けによる**浸食防止**，凍上崩落の抑制，植生による早期全面被覆

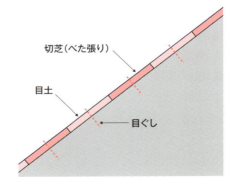

❸ 筋芝工

施工方法：盛土法面の土羽打ちの際に，切芝の2/3以上が土に埋まるよう，定められた間隔で水平の筋状に挿入する。

目的：盛土法面の浸食防止，植物の侵入・定着の促進

> **用語**
> **土羽打ち**
> 法面を板でたたいて表土を締め固めること

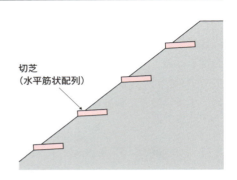

切芝
（水平筋状配列）

3.1.2 構造物工

　構造物工は，植物の生育が困難で植生工が適用できない法面や，植生のみでは不安定と考えられる法面，崩壊・はく落・落石などのおそれがある法面などの場合に，石材，コンクリート，鋼材，化学材料などで人工的な構造物をつくり，あるいは補強して，法面を保護するものである。単独あるいは組み合わせて用いられたり，植生工と併用されることも多い。ここでは，代表的なものを3つ取り上げる。

❶ モルタル吹付工

施工方法：吹付けに先立ち，法面の浮石・ほこり・泥等を清掃した後，菱形金網を法面に張り付けて凹凸に沿いアンカーピンで固定し，モルタルを吹き付ける。吹付け厚さは，8～10cmを標準とする。

目的：岩盤の風化防止，雨水や表流水の地山への浸透による浸食や崩壊の発生防止・緩和，小規模な落石防止等

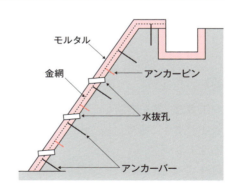

モルタル
金網
アンカーピン
水抜孔
アンカーバー

> **用語**
> **モルタル**
> コンクリートの構成材料のうち粗骨材（砂利，砕石など）を欠くもの（セメント・水・細骨材）

> **用語**
> **浮石**
> 岩盤などからはずれやすい状態になっている石

❷ コンクリート張工 ★☆☆

施工方法：法面上に無筋コンクリート張工または鉄筋コンクリート張工をつくる。

目的：法面表層部の崩落防止，土砂の抜け落ちのおそれのある箇所の土留め，岩盤のはく落防止

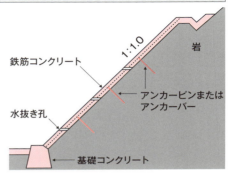

❸ ブロック積擁壁工 ★☆☆

施工方法：壁状に連続する土留め構造物を築造する。用地や地形の制約によって標準的な法面勾配（1：1.0）より急な法面勾配（1：0.3～0.6 程度）となる場合や，湧水や雨水による法面崩壊のおそれがある箇所で用いる。

目的：土圧に対抗して崩壊防止

用語 📎

擁壁
土圧に対抗して法面の崩壊を防ぐために設ける壁体

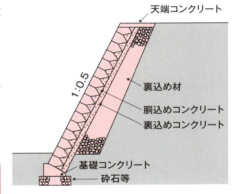

一問一答チャレンジ

❶	種子吹付工は，土圧に対抗して法面の崩壊防止を目的とする。	✕
❷	ブロック積擁壁工は，土圧に対抗して法面の崩壊防止を目的とする。	◯

【解説】
❶種子吹付工は，法面の浸食防止，凍上崩落の抑制などを目的とする。

4. 軟弱地盤対策

要点整理

軟弱地盤対策工法・排水工法の原理と効果

原理	軟弱地盤対策工法・排水工法	効果
圧密・排水	盛土載荷重工法 （プロレーディング工法など）	圧密沈下の促進による供用後の残留沈下量の低減，圧密による強度増加
	サンドマット工法	圧密沈下の促進による供用後の残留沈下量の低減，トラフィカビリティの確保
	バーチカルドレーン工法 （サンドドレーン工法）	圧密沈下の促進による供用後の残留沈下量の低減，圧密による強度増加
締固め	サンドコンパクションパイル工法	緩い砂地盤の地震時の液状化防止，沈下・安定対策
	バイブロフローテーション工法	砂質地盤の支持力増大，地震時の液状化防止
固結	薬液注入工法	透水性の減少（遮水），地盤の強度増加，液状化防止
	石灰パイル工法	すべり抵抗の増加，沈下量の低減，液状化防止
	深層混合処理工法 （機械かくはん工法）	すべり抵抗の増加，沈下量の低減，液状化防止
構造物による対策	押え盛土工法	すべり抵抗の増加
排水	深井戸排水工法 （ディープウェル工法）	地盤の強度増加，液状化の発生軽減
	ウェルポイント工法	地盤の強度増加，液状化の発生軽減

4.1 軟弱地盤とは

　軟弱地盤とは，土構造物の基礎地盤として十分な支持力を有しない地盤のことで，粘性土や有機質土では含水量（または含水率，土に含まれる水分の割合）の極めて大きい地盤をいい，砂質土では緩い飽和状態（間隙が多く，水で満たされている状態）の地盤をいう。

　軟弱地盤上に，盛土などを築造すると，地盤の安定性の不足や過大な沈下によって問題を起こすことが多い。また，緩い飽和状態の砂地盤は，地震などの動的荷重が加わると液状化するおそれがある。そのため，軟弱地盤対策をしっかり行う必要がある。

4.2 軟弱地盤対策工法

　軟弱地盤対策工法には，さまざまな種類があるが，ここでは圧密・排水工法，締固め工法，固結工法，構造物による対策工法の4つの対策工法について解説する。

4.2.1 圧密・排水工法

　圧密・排水工法は，地盤の間隙水の排水や圧密促進によって地盤の強度を増加させ，供用後の残留沈下量の軽減やトラフィカビリティの確保を図る工法の総称である。**盛土載荷重工法**，**サンドマット工法**，**バーチカルドレーン工法**などがある。

① 盛土載荷重工法　★★☆

施工方法：将来建設される構造物の荷重と同等か，より大きい荷重を盛土等により載荷して，基礎地盤の圧密沈下を促進させ，地盤強度を増加させた後に盛土等を除去して構造物を構築する工法。

　地盤上に盛土を**載荷**して圧密沈下後に盛土を取り除く**プレローディング工法**（図）と，載荷して圧密沈下後に余盛り分を除去するサーチャージ（余盛り）工法がある。

目的：圧密沈下の促進による供用後の残留沈下量の低減，圧密による強度増加

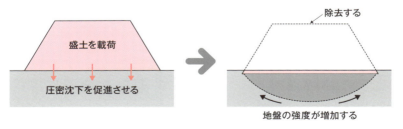

❷ サンドマット工法 ★★☆

施工方法：軟弱地盤上に透水性の高い砂または砂礫（サンドマット）を50～120cmの厚さに敷き均す表層処理工法。サンドマットが盛土の地下排水層となって，盛土内の水位を低下させる。プレローディング工法と併用して用いられる場合には，軟弱地盤（地下水）の上部排水層の役割をはたす（図）。

目的：圧密沈下の促進による供用後の残留沈下量の低減，トラフィカビリティの確保

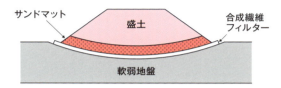

❸ バーチカルドレーン工法（サンドドレーン工法） ★★☆

施工方法：軟弱地盤中に人工的な排水路を鉛直方向に設けて圧密層（粘性土）の排水距離を短くし，圧密時間を短縮する工法を総称してバーチカルドレーン工法という。盛土載荷重工法と併用することでさらに効果が高くなる。

　使用する材料により，サンドドレーン工法とペーパードレーン（PVD）工法がある。サンドドレーン工法（図）は，透水性が高い砂（砂柱）を軟弱地盤中に鉛直に打設するものである。

目的：圧密沈下の促進による供用後の残留沈下量の低減，圧密による強度増加

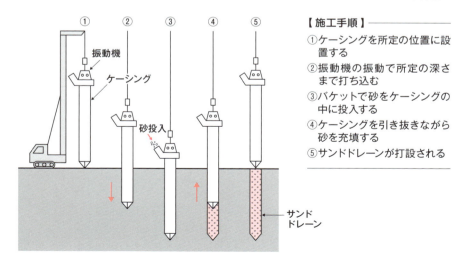

【施工手順】
① ケーシングを所定の位置に設置する
② 振動機の振動で所定の深さまで打ち込む
③ バケットで砂をケーシングの中に投入する
④ ケーシングを引き抜きながら砂を充填する
⑤ サンドドレーンが打設される

4.2.2 締固め工法

締固め工法は，地盤に砂等を圧入または振動等の動的な荷重を与えることによって地盤を締め固め，液状化の防止や強度増加，沈下量等の低減を図る工法である。振動締固め工法（**サンドコンパクションパイル工法**，**バイブロフローテーション工法**など）と静的締固め工法に分類される。

❶ サンドコンパクションパイル工法 ★★☆

施工方法：軟弱地盤中に振動または衝撃荷重によって砂を打ち込み，**密度が高く強い砂杭**を造成するとともに，**軟弱層を締め固める**工法。打設時の振動と砂の圧入によって砂地盤の間隙比を減少させることで密度が増し，せん断強さが増加する。

目的：緩い砂地盤の地震時の液状化防止，沈下・安定対策

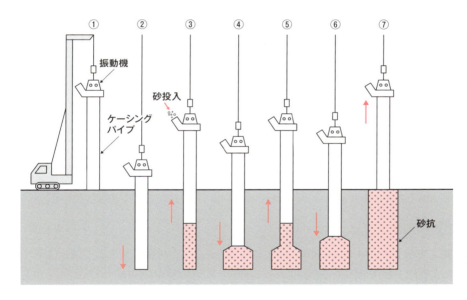

【施工手順】
① ケーシングパイプを所定の位置に設置する
② 振動機の振動によりケーシングパイプを地中に貫入させる
③ ケーシングパイプの中に一定量の砂を投入し，ケーシングパイプを引き上げながら砂を圧縮空気により地盤に押し出す
④ ケーシングパイプを再貫入し，押し出した砂を振動により締め固める
⑤ 再びケーシングパイプを引き上げて，砂を押し出す
⑥ ④と同じ作業を行う。③～⑥の作業を繰り返す
⑦ ケーシングパイプを地上まで引き抜いて砂杭を完成させる

❷ バイブロフローテーション工法 ★★☆

施工方法：棒状の振動機（バイブロフロット）を緩い砂質地盤中で振動させながら水を噴射（ウォータージェット）して，水締めと振動により地盤を締め固めるとともに，生じた空隙に砂利などを充填して地盤を改良する工法。

目的：砂質地盤の支持力増大，地震時の液状化防止

【施工手順】
① バイブロフロットを所定の位置に設置する
② ウォータージェットと振動により所定の深さまで貫入させ，締め固める
③ フロット周辺に生じる隙間に，砂利などの補給材を投入する
④ フロットをゆっくり引き上げ，補給材を入れる

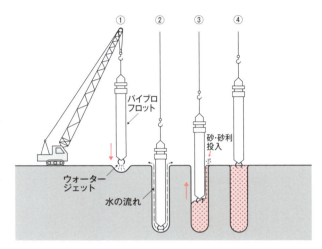

4.2.3 固結工法

固結工法は，セメント等の固化材を土と混合し，化学反応により地盤を固結する工法である。薬液注入工法，石灰パイル工法，深層混合処理工法などがある。

❶ 薬液注入工法 ★★★

施工方法：地盤中（砂地盤の間隙）に薬液を注入して地盤改良する工法。注入材による地下水汚染防止のために水質監視と，周辺地盤等の沈下・隆起の監視が必要となる。

目的：透水性の減少（遮水），地盤の強度増加，液状化防止

❷ 石灰パイル工法 ★★☆

施工方法：生石灰を軟弱地盤中に杭状に打設して地盤改良する工法。生石灰が地盤中の水分と反応して消石灰になる際に体積膨張を起こして地盤が圧密される。さらに，石灰杭が固結して支持杭のような働きをする。

目的：すべり抵抗の増加，沈下量の低減，液状化防止

❸ 深層混合処理工法（機械かくはん方式） ★★★

施工方法：石灰・セメント系の**固化材**（安定材）を，粉体あるいはスラリー状にして地中に供給し，原位置の軟弱地盤の土と強制的にかくはん混合して，地盤中に円柱状およびブロック状の**改良体**を造成する工法。

目的：すべり抵抗の増加,変形の抑止,**沈下量の低減**,液状化防止

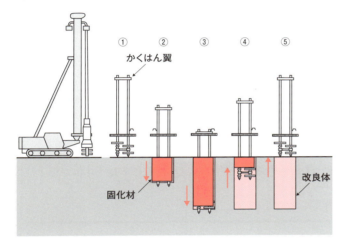

【施工手順】
① かくはん翼を所定の位置に設置する
②③ かくはん翼を回転させ，地盤中に固化材を供給し原位置の土と混合させながら所定の深さまで貫入させる
④⑤ かくはん翼を逆回転させ，かくはん翼を引き抜く

4.2.4 構造物による対策工法

　土に比べてせん断強度や剛性の高い構造物や材料を，地盤中または地盤上に構築することにより，沈下量の低減，盛土等の安定性の確保および地盤内応力の軽減を図る工法である。**押え盛土工法**，矢板・杭工法などがある。

❶ 押え盛土工法 ★★☆

施工方法：本体の盛土に先行して，**側方に押え盛土**を施工する工法。押え盛土のために余分な用地と土砂が必要となり，また本体の盛土と同時に行う必要がある。

目的：**すべり抵抗の増加**

4.3 排水工法

排水工法（『道路土工』では，「地下水位低下工法」という）は，地下水位以下の掘削を行う場合に，掘削箇所の側面・底面の破壊や変形を防止する目的で行われる。

排水工法は，重力排水工法と強制排水工法に分けられる。重力排水工法には，釜場排水工法，**深井戸排水工法（ディープウェル工法）**がある。強制排水工法には，**ウェルポイント工法**などがある。

排水工法の利点と欠点を次にまとめる。

Check!!

排水工法の利点
- 地下水位を低下させることによって，それまで受けていた浮力に相当する荷重（有効応力）を下層の軟弱地盤に載荷して圧密を促進し，地盤の強度増加を図ることができる

排水工法の欠点
- 地下水のくみ上げによって周辺の井戸水がかれたり，広範囲の地下水位が低下する
- 地下水位の低下によって地盤が沈下する

❶ 深井戸排水工法（ディープウェル工法） ★☆☆

施工方法：井戸内の地下水を水中ポンプで排水し，周辺の地下水位を低下させる工法。広範囲の地下水位を低下させる場合や，**透水性が大きく**，排水量が多い場合などに適している。

目的：地盤の強度増加，液状化の発生軽減

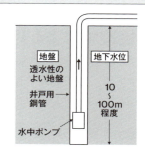

❷ ウェルポイント工法 ★★☆

施工方法：地下水を真空ポンプで強制的に排水し，**地下水位を低下**させる工法。比較的浅く，広範囲の地下水位を低下させる場合に有効である。透水係数の小さい土質にも適用できる。揚水高さは，大気圧に相当する約10mであるが，機械損失等により実用上は6～7m程度が限度。

目的：地盤の強度増加，液状化の発生軽減

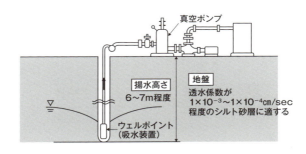

一問一答チャレンジ

❶	サンドマット工法は，地盤を掘削して，良質土に置き換える工法である。	×
❷	プレローディング工法は，地盤上にあらかじめ盛土等によって載荷を行う工法である。	○
❸	サンドコンパクションパイル工法は，載荷工法のひとつである。	×
❹	深層混合処理工法は，固化材と軟弱土とを地中で混合させて安定処理土を形成する。	○
❺	薬液注入工法は，薬液の注入により地盤の透水性を高め，排水を促す工法である。	×
❻	押え盛土工法は，軟弱地盤上の盛土を計画高に余盛りして沈下を促進させ早期安定性をはかる。	×
❼	ウェルポイント工法は，締固め工法のひとつである。	×

【解説】
❶サンドマット工法は，軟弱地盤上に透水性の高い砂または砂礫を50〜120cmの厚さに敷き均す工法である。設問は，掘削置換工法の説明である。
❸サンドコンパクションパイル工法は，地盤内に砂を投入し，振動により締め固めた砂杭を地盤中に造成するもので，振動締固め工法に分類される。
❺薬液注入工法は，透水性の減少，強度強化および液状化防止等の効果がある。
❻押え盛土工法は，本体盛土に先行して側方に押え盛土を施工し，すべりに対する抵抗を増加させる工法である。設問は，サーチャージ工法の説明である。
❼ウェルポイント工法は，地盤の強度増加を図る強制排水工法に分類される。

5. 建設機械

要点整理

土工作業に使用する建設機械

機械名	作業の種類
ブルドーザ	掘削, 運搬（短距離）, 敷均し, 整地, 伐開除根
スクレーパ	掘削, 積込み, 運搬（中長距離）, 敷均し
スクレープドーザ	掘削, 積込み, 運搬（中距離）, 敷均し
バックホウ	掘削（機械位置より低い場所, かたい地盤）, 積込み, 法面仕上げ, 伐開除根, 溝掘り
ローディングショベル	掘削（機械位置より高い場所）, 積込み
クラムシェル	掘削（水中, 狭い場所での深い掘削）, 積込み
ドラグライン	掘削（やわらかい地盤, 機械位置より低い場所）, 積込み, 浚渫, 砂利の採取
トレンチャ	溝掘り
トラクタショベル（ローダ）	掘削, 積込み
ダンプトラック	運搬（中距離以上）
クレーン	荷物のつり上げ
モータグレーダ	敷均し, 整地
ロードローラ	締固め（路盤）, 仕上げ転圧（路床）
タイヤローラ	締固め（路盤, 路床）
振動ローラ	締固め（路床）
タンピングローラ	締固め（低含水比の土, 関東ローム, 大規模）
ランマ／タンパ	締固め（狭い場所）

5.1 建設機械

　建設機械は，人力では不可能であった難工事の克服，生産性の向上，工事の迅速化，構造物の質的向上，省力化，安全性の向上など多くの利益をもたらし，建設工事には欠かせないものである。ここでは，土工作業に使用する建設機械について解説する。

5.1.1 ブルドーザ／スクレーパ

❶ ブルドーザ　★★★

　トラクタに土砂を押す土工板（排土板，ブレード）を取り付けた建設機械で，土砂の**掘削**，**運搬**，**敷均し**，**整地**，締固め，除雪などの作業に用いる。適応運搬距離は60m以下で，**短距離**運搬に適している。

　土工板をレーキに替えることで，**伐開除根**（草木や木の根を除去すること）などの作業も行える（レーキドーザ）。

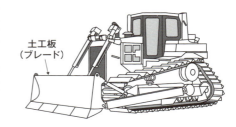

用語
トラクタ
けん引または押す力を利用して作業を行う自走式機械の総称

❷ スクレーパ　★★★

　大規模な土工作業で用い，土砂の**掘削**と同時にボウル内への**積込み**，**運搬**，**敷均し**を一貫して行うことができる建設機械である。

　被けん引式スクレーパとモータスクレーパ（自走式スクレーパ）があり，適応運搬距離は，被けん引式で60〜400m，自走式で200〜1,200mと**中長距離**運搬に適している。

スクレーパで締固めはできないよ！

❸ スクレープドーザ ★☆☆

　スクレーパとブルドーザを組み合わせたもので，掘削，積込み，運搬，敷均しが行える建設機械である。軟弱地における40～250mぐらいの中距離の運搬を伴う作業に適している。

5.1.2 掘削機械

　爪付きのバケットを前方に動かして掘削するものをショベルという。ショベル系掘削機械は，単に土砂を掘削，積込みするだけでなく，解体，荷役（貨物をあげおろしする作業）など，さまざまな用途で用いる。

❶ バックホウ ★★★

　バケットを車体側に引き寄せて掘削・積込みを行う建設機械。機械の位置より低い所を掘るのに適しており，水中掘削も行える。かたい土質をはじめ各土質に適用できる。

　掘削後の仕上り面がきれいで，垂直掘りや底ざらいなどを正確に行えるため，ビルの根切り，溝掘り，法面仕上げ，伐開除根などにも用いる。

バケット

用語
バケット
土砂などを入れて運ぶ容器のこと

❷ ローディングショベル ★☆☆

　大型のバケットを車体から前方に押し出して掘削する建設機械。機械の位置より高い所を削り取るのに適している。

　固く締まった土質以外のあらゆる掘削，積込み作業に用いる。

　バケットの容量が大きいため，大量の材料を効率的に掘削・積込みでき，鉱山や砕石の原石山での作業に利用されている。

バケット

❸ クラムシェル ★★★

ロープにつり下げられたバケットを重力により落下させて土をつかみ取り，**掘削**・積込みを行う建設機械。土砂の孔掘り，シールド立坑の掘削，河床・海底の浚渫，ビルの根切り，地下鉄工事の集積土さらいなど，水中掘削や**狭い場所**での**深い掘削**に用いる。

> **用語**
> **浚渫**（しゅんせつ）
> 河川や港湾などで，水底の土砂や岩石を掘り上げる工事のこと

❹ ドラグライン ★★★

ロープで保持されたバケットを旋回し，遠心力を利用して遠くに放り投げ，地面に沿って手前に引き寄せながら**掘削**・積込みを行う建設機械。機械の位置より**低い**所を掘るのに適している。

水中掘削も可能で，浚渫や砂利の採取，大型溝掘削などに用いる。

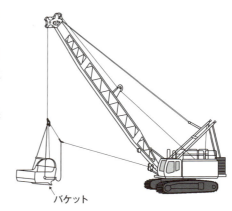

❺ トレンチャ ★☆☆

バケットチェーンを回転させて掘削する**溝掘り専用**の建設機械。農業用暗渠（あんきょ）排水やパイプライン工事などに使用されている。

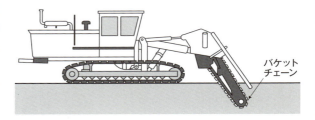

63

5.1.3 トラクタショベル（ローダ） ★★★

トラクタショベルは，クローラ式またはホイール式（図）のトラクタの前面にバケットを取り付けた建設機械で，ローダともいう。

ショベル系掘削機械に比べて掘削力は小さいが，ほぐされた土砂や岩石等をバケットですくい込み，運搬機械への積込み作業に用いる。

5.1.4 ダンプトラック ★☆☆

建設工事用の資材や中距離以上の土砂の運搬に最も多く使用されている。

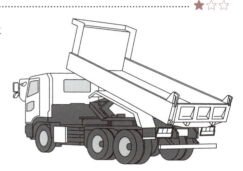

5.1.5 クレーン ★☆☆

荷物のつり上げ作業に用いる建設機械。自走して作業できる移動式と，固定場所に設置して使用する固定式がある。図は移動式のクローラクレーンである。

クレーンのつり上げ能力は，定格総荷重（つり上げができる最大の荷重）と，これに対応する作業半径で表す。定格総荷重からフック，バケット等のつり具の質量を引いたものを定格荷重という。

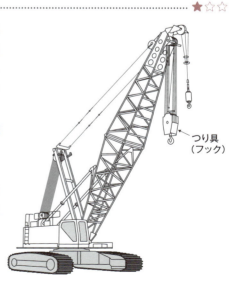

つり具（フック）

64

5.1.6 モータグレーダ ★★☆

路面・地表などの平面仕上げを主目的に，軽切削や材料の混合，敷均し，整地などを行うホイール式の建設機械。路面の精密な仕上げに適しており，砂利道の補修などにも用いる。

5.1.7 締固め機械

締固め機械は，盛土や舗装などを締め固めて強度を高めるために，輪荷重・衝撃力・振動力を利用して材料の空隙をできるだけ小さくし，密な状態にする。

❶ ロードローラ ★★★

道路工事のアスファルト混合物や路盤の締固め，路床の仕上げ転圧に多く用いる建設機械である。鉄輪3輪を持つマカダムローラ（左）と，機械全幅の鉄輪ローラを有する2軸式と3軸式タンデムローラ（右）の2種類がある。

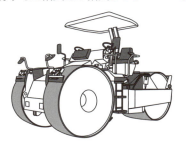 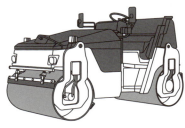

❷ タイヤローラ ★★☆

ロードローラと同じくアスファルト混合物や路盤，路床の締固めに用いる。

バラストや水を積載し，タイヤの空気圧を調整して接地圧を加減できる。そのため，含水比の高い砂質土や，鋭敏な粘性土，硬岩以外の材料のほとんどを締め固めることができる。砕石等の締固めには空気圧を高くする。

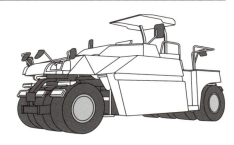

③ 振動ローラ ★☆☆

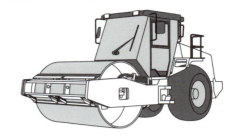

　鉄輪を振動させて土の粒子をゆさぶり，粒子自身の移動を容易にしながら締め固める建設機械。振動により自重以上の締固め効果が得られる。

　路盤から表面仕上げまでの一連の締固め作業に適用でき，切込砂利等を用いた路床の締固めに適している。

④ タンピングローラ ★★☆

　ローラの表面に多数の突起があり，ローラが回転する際に突起が土の中に貫入する効果によって転圧を行う締固め機械である。

　大規模な厚い盛土（アースダム，築堤，道路など）や低含水比の関東ロームなどの締固めに適している。

⑤ ランマ／タンパ ★★☆

　ランマ（右図）やタンパは，衝撃力によって地面をたたいたり突いたりして締固めを行う機械である。

　補助締固め機械として，大型締固め機械が使えない狭い場所，路肩，小規模な埋戻し部分の締固めに使用される。

Level Up

建設機械の性能表示は表のとおり。

機械名称	性能表示
ブルドーザ	質量（t）
バックホウ	バケット容量（m³）
ダンプトラック	最大積載重量（t）
クレーン	定格総荷重（t）
ロードローラ	質量（t）

5年に一度の割合で出題されているよ！

5.2 建設機械の選定

建設機械を選定する際は，工事の規模や土質，地形，気象，工期，運搬距離などの作業条件を考慮し，施工単価が経済的なものを選ぶ。ここでは，作業，土質条件，運搬距離による選定について解説する。

5.2.1 作業による選定 ★★★

土工作業には，伐開除根，掘削，積込み，運搬，敷均し，整地，締固め，溝掘りなどの作業がある。各作業に使用される建設機械を分類すると表のとおり。

作業の種類	建設機械の種類
伐開除根	ブルドーザ，レーキドーザ，バックホウ
掘削，積込み	バックホウ，ドラグライン，クラムシェル，トラクタショベル（ローダ）
掘削，運搬	ブルドーザ，スクレーパ，スクレープドーザ
運搬	ブルドーザ，ダンプトラック
敷均し，整地	ブルドーザ，モータグレーダ
締固め	ロードローラ，タイヤローラ，振動ローラ，タンピングローラ，ランマ，タンパ，ブルドーザ
溝掘り	トレンチャ，バックホウ
法面仕上げ	バックホウ，モータグレーダ

5.2.2 土質条件による選定

建設機械の選定にあたって，土質条件については十分留意しなければならないが，特に留意すべきものに，❶トラフィカビリティと❷リッパビリティがある。

❶ トラフィカビリティ ★★★

建設機械が軟弱な土の上を走行するとき，土の種類や含水比によって作業能率が著しく変化し，高含水比の粘性土などではこね返しにより走行不能になることもある。軟弱な土の上における建設機械の走行性をトラフィカビリティといい，ポータブルコーン貫入試験（P.37）で測定したコーン指数（q_c）で示される。

建設機械の走行に必要なコーン指数を種類別に示すと，次ページの表のとおり。

建設機械の種類	コーン指数 q_c（kN/m²）
超湿地ブルドーザ	200以上
湿地ブルドーザ	300以上
普通ブルドーザ （15t級程度）	500以上
普通ブルドーザ （21t級程度）	700以上
スクレープドーザ	600以上 （超湿地型は400以上）
被けん引式スクレーパ （小型）	700以上
自走式スクレーパ （小型）	1,000以上
ダンプトラック	1,200以上

走行に必要なコーン指数が小さい機械のほうが軟弱な地盤に対応できるよ

❷ リッパビリティ

　軟岩や硬土などの掘削作業には，**大型ブルドーザ**の後部に取り付けられた破砕装置（リッパ）を使用する。リッパにより掘削できる程度（掘削性）を**リッパビリティ**という。

5.2.3 運搬距離による選定

　運搬機械は，運搬距離，勾配および作業場の面積を考慮して選定する。建設機械の機種による経済的な運搬距離は現場ごとに求める。

　通常，機種ごとの適応運搬距離は，表のとおりである。たとえば，運搬距離60mのときの適応機種として，ブルドーザとスクレープドーザの2種類があげられるが，どちらを選ぶかは，地形，土工量，土質，工期などから，施工性・経済性を考慮して決定する。

建設機械の種類	適応する運搬距離
ブルドーザ	60m以下
スクレープドーザ	40～250m
被けん引式スクレーパ	60～400m
自走式スクレーパ	200～1,200m
ショベル系掘削機＋ ダンプトラック	100m以上

一問一答チャレンジ

❶	ブルドーザは，土工板を取り付けた機械で，土砂の掘削・運搬（押土），積込み等に用いられる。	×
❷	スクレーパは，敷均し・締固め作業に用いられる。	×
❸	バックホウは，おもに機械の位置よりも高い場所の掘削に用いられる。	×
❹	モーターグレーダは，路面の精密な仕上げに適しており，砂利道の補修や土の敷均し等に用いられる。	○
❺	タイヤローラは，接地圧の調整や自重を加減することができ，路盤等の締固めに使用される。	○
❻	ランマは，振動や打撃を与えて，路肩や狭い場所等の締固めに使用される。	○
❼	トラフィカビリティとは，建設機械の走行性をいい，一般にN値で判断される。	×
❽	リッパビリティとは，バックホウに装着されたリッパによって作業できる程度をいう。	×

【解説】

❶ブルドーザは，積込みには用いられない。

❷スクレーパは，締固め作業には用いられない。

❸バックホウは，おもに機械の位置よりも低い場所を掘削するのに適した機械で，水中掘削も行うことができる。

❼トラフィカビリティは，一般にポータブルコーン貫入試験で測定したコーン指数（q_c）で判断する。

❽リッパビリティとは，大型ブルドーザの後部に取り付けられた破砕装置（リッパ）により，軟岩や硬岩を掘削する際の作業のしやすさをいう。

建設機械の作業能力問題の解き方

【例題】 ダンプトラックを用いて土砂（粘性土）を運搬する場合に，時間あたり作業量（地山土量）Q（m³/h）を算出する計算式として下記の □ の(イ)～(ニ)に当てはまる数値の組合せとして，**正しいもの**は次のうちどれか。

・ダンプトラックの時間あたり作業量Q（m³/h）

$$Q = \frac{(イ) \times (ロ) \times E}{(ハ)} \times 60 = (ニ) \; m^3/h$$

q：1回あたりの積載量（7m³）
f：土量換算係数＝1/L（土量の変化率L＝1.25）
E：作業効率（0.9）
Cm：サイクルタイム（24分）

	(イ)	(ロ)	(ハ)	(ニ)
(1)	24	1.25	7	231.4
(2)	7	0.8	24	12.6
(3)	24	0.8	7	148.1
(4)	7	1.25	24	19.7

● 時間あたり作業量とは

建設機械の作業能力は，運転**時間あたりの作業量**（Q）で示すのが基本であり，次の実用算定式を用いて算出する。

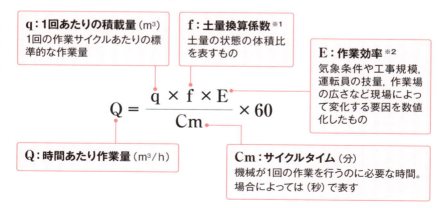

● 例題の解答手順

設問中に与えられた数値を算定式に代入する。

$$Q = \frac{q \times f \times E}{Cm} \times 60 \qquad \begin{array}{ll} q:7㎥ & f:1/L = 1/1.25 = 0.8 \\ E:0.9 & Cm:24 \end{array}$$

$$Q = \frac{7 \times 0.8 \times 0.9}{24} \times 60 = 12.6 \ (㎥/h)$$

(イ) 7, (ロ) 0.8, (ハ) 24, (ニ) 12.6 となる。

【正解】(2)

「f＝1.25」ではなく、
1/L に L＝1.25 を代入して
計算すること！

※1 土量換算係数

　土量の状態は，地山の土量，ほぐした土量，締め固めた土量の3種類があり，作業量 Q を求める場合，計算に用いる基準作業量 q も同じ土の状態に換算して計算する必要がある。換算するために使用するのが土量換算係数である。

　設問では，あらかじめ「1/L」が与えられているが，土量の状態によって表のようになる。

求める作業量（Q） 基準作業量（q）	地山の土量	ほぐした土量	締め固めた土量
地山の土量	1	L	C
ほぐした土量	1/L	1	C/L
締め固めた土量	1/C	L/C	1

※ L および C は、土量の変化率

※2 作業効率

　作業効率は機械によって異なる。ダンプトラックの作業能力算定では，サイクルタイムを実状に合ったものに決めれば，作業効率 E＝0.9 程度としてよいことになっている。

第 2 章

コンクリート工

　土木工事は，土工とコンクリート工が大部分を占めます。土木材料としてのコンクリートには，任意の形状・強度で水陸を問わず施工できるという長所があります。一方，取り扱う時間に制限がある，ある強度に達するまで時間がかかる，ひび割れが生じやすい，といった短所から，施工時の留意点が数多くあります。よいコンクリートをつくるために，材料や性質，配合設計，施工といったことをしっかりと理解しておきましょう。

コンクリートのキソ知識	74
コンクリート工分野の出題傾向	76
1. 材料	77
2. 性質・配合設計	84
3. 施工	89
4. 鉄筋工・型枠および支保工	94

勉強を始める前におさえておきたい

コンクリートのキソ知識

コンクリート工の試験範囲を勉強する前に理解しておきたい基礎知識をコンパクトに紹介します。

● コンクリートはセメント，骨材，水で構成される

コンクリートは，セメントと骨材（細骨材，粗骨材）に水を加え，練り合わせて固めたものである。品質や性能に応じて，混和材料（P.82）を加えてつくることもある。

使用するセメントや骨材の種類，水の量など配合の割合，施工条件等によって強度や，やわらかさといった性質が変わり，用途に合わせて使い分けられている。

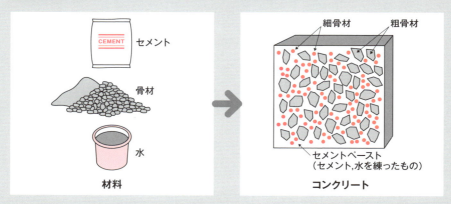

● コンクリートは水和反応によって固まる

コンクリートは，セメントと水が接触して起こる化学反応（水和反応）によって固まっていく。

図は水和反応のメカニズムを図示したものである。セメント粒子の周りには，水和反応層が生成されて水和結晶となり，この結晶によってセメント粒子が密に結合して強度が発現する。

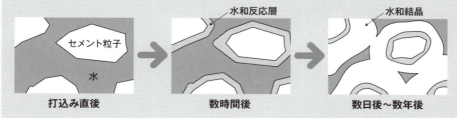

● モルタルとコンクリートの違いは粗骨材の有無

コンクリートと似た土木資材の「モルタル」は,セメントと水に細骨材(砂)を加えたものである。コンクリートとの違いは,粗骨材(砂利)を加えるかどうかである。なお,セメントと水を練り混ぜたものをセメントペーストという。

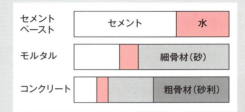

● コンクリートにはさまざまな種類がある

コンクリートは,使用材料や用途,施工方法,施工条件などに応じてさまざまな呼び名がある。

『コンクリート標準示方書』で用いられている名称と定義のおもなものは表のとおり。

区分条件	名称	定義
補強の有無	無筋コンクリート	鋼材で補強しないコンクリート
	鉄筋コンクリート	鉄筋で補強したコンクリート
	プレストレストコンクリート	PC鋼材によってプレストレスが与えられているコンクリート
品質	AEコンクリート	AE剤等を用いて微細な空気泡を含ませたコンクリート
	膨張コンクリート	混和材として膨張材を加えてひび割れ発生を低減するコンクリート
	流動化コンクリート	練り混ぜられたコンクリートに流動化剤を添加し,流動性を増大させたコンクリート
練混ぜ・打込み場所	レディーミクストコンクリート	使用地点における品質を指示して,指定された工場で練り混ぜられた固まっていない状態のコンクリート(生コン)。現場まで許容時間内に運搬して打ち込む
	水中コンクリート	淡水中,安定液中,海水中にトレミーなどを用いて打ち込むコンクリート
	プレキャストコンクリート	工場で製作されたコンクリート部材または製品
施工方法	吹付けコンクリート	ノズルから圧縮空気により施工面に吹き付けて形成させたコンクリート
施工時期	寒中コンクリート	日平均気温が4℃以下となる気象条件のもとに,凍結しないように注意して施工するコンクリート
	暑中コンクリート	日平均気温が25℃を超える時期に,高温による悪影響が生じないように注意して施工するコンクリート
構造物の寸法	マスコンクリート	部材あるいは構造物の寸法が大きく,セメントの水和熱による温度上昇の影響を考慮して設計・施工するコンクリート

コンクリート工分野の出題傾向

コンクリート工分野からは4問出題されており，おもな内容は表のとおりです。

【過去15回の出題内容】

No.	出題項目分類		R6後	R6前	R5後	R5前	R4後	R4前	R3後	R3前	R2後	R2前	R元後	R元前	H30後	H30前	H29後	H29前
1	材料	セメント		10			5						5					
		骨材			5				5						5			
		混和材料	10			5		5	5		5			5		5	5	5
2	性質・配合設計	性質			7	7	7	7	7	7	6				6		6	
		配合設計	11		6	6			6	6						6		
3	施工		13	11 13			6 8	8		6	7		6 7	6 7	7	7	7 8	6 7 8
4	鉄筋工・型枠および支保工	鉄筋工				8			8		8					8		
		型枠および支保工			8					8			8		8			
―	各種コンクリート		12	12											8			

※表中の数字は試験に出題されたときの問題番号です。

ここを問われる！

1. 材料
セメント・骨材・混和材料が持つ性質

2. 性質・配合設計
コンクリートの性質を表す用語，配合設計時に留意する項目と内容

3. 施工
運搬・打込み・締固め・仕上げ・養生における作業上の要点

4. 鉄筋工・型枠および支保工
鉄筋工の加工・組立て・継手における作業上の要点，
型枠および支保工の設計・施工・取外しにおける作業上の要点

「各種コンクリート」は，P.75の表の内容が出るよ！

1. 材料

要点整理

セメントの特徴

- 早強ポルトランドセメントは，プレストレストコンクリート工事に適している
- 中庸熱ポルトランドセメントは，ダム工事等のマスコンクリートに適している
- セメントはアルカリ性を示す
- セメントは風化すると密度が小さくなる

骨材に要求される性質

- コンクリートの強度・耐久性のため，ごみ・どろ・有機不純物・塩化物等を有害量含まない
- コンクリートの単位水量を少なくするため，適切な粒度を持ち，薄い石片や細長い石片を有害量含まない
- 均質なコンクリートのため，粒度の変化が少ないものであること

混和材料の効果

A E 剤：コンクリートの耐凍害性の向上を図る

A E 減 水 剤：耐凍害性の向上や単位水量・単位セメント量の低減を図る

流 動 化 剤：減水率が特に高く，高強度コンクリートや流動化コンクリート用として使用する

フ ラ イ ア ッ シ ュ：単位水量を減らし，水和熱による温度上昇の低減を図る

シ リ カ フ ュ ー ム：材料分離やブリーディングを生じにくくし，水密性や化学抵抗性の向上を図る

高炉スラグ微粉末：水和熱の発生速度を遅くする

膨 張 材：収縮に起因するひび割れの抑制を図る

1.1 セメント

コンクリートの材料であるセメントの種類は，ポルトランドセメントと混合セメントに大別される。セメントの規格は，**ポルトランドセメント**（普通，早強，超早強，中庸熱，低熱および耐硫酸塩）と，混合セメントの高炉セメント，シリカセメント，フライアッシュセメントの4規格がある。

1.1.1 ポルトランドセメントの特徴 ★★☆

ポルトランドセメントのうち，よく出題されるものの特徴は表のとおり。

種類	比表面積※ (cm^2/kg)	特徴・用途
普通ポルトランドセメント	2,500以上	土木，建築工事やセメント製品に最も多量に使用されている
早強ポルトランドセメント	3,300以上	普通ポルトランドセメントより，けい酸三カルシウムや石こうが多く，微粉砕されているので初期強度が大きい。冬期工事や寒冷地の工事，および初期強度を要する**プレストレストコンクリート**工事等に適している
中庸熱ポルトランドセメント	2,500以上	水和熱を低くしたセメントで長期強度が大きいため，**ダム**のようなマッシブなコンクリート（マスコンクリート）にも使用される

※比表面積は単位質量あたりの表面積のことである。比表面積が大きいほどセメントの粒子は細かく，水和反応が早くなり，強度の発現が早く，水和熱が高く，乾燥収縮が大きくなる。

Level Up
ポルトランドセメントの主成分は，クリンカーと石こうである。クリンカーは，主要な4つの化合物であるけい酸三カルシウム（C_3S），けい酸二カルシウム（C_2S），アルミン酸三カルシウム（C_3A），鉄アルミン酸四カルシウム（C_4AF）からなる。これら酸化カルシウム（CaO）が水と反応して水酸化カルシウム（$Ca(OH)_2$）が生成され，この水酸化カルシウムが水にとけて電離し，アルカリ性を示す。

1.1.2 セメントの取扱い ★☆☆

セメントは，貯蔵中に空気に触れると，空気中の水分を吸って軽微な水和反応を起こし，同時に空気中の炭酸ガスとも反応する。この現象を**セメントの風化**という。

風化したセメントは，強熱減量（高温に熱した際に減少する質量）が増して**密度が小さく**なり，凝結が遅くなって，強度も低下する。

1.2 骨材

　骨材とは，コンクリートをつくるためにセメントおよび水と練り混ぜる砂，砂利，砕石，砕砂などをいう。図のように，ふるいを使用した場合に10mmふるいを全部通り，5mmふるいを質量で85％以上通るものを**細骨材**（砂など），5mmふるいに質量で85％以上とどまるものを**粗骨材**（砂利，砕石など）という。

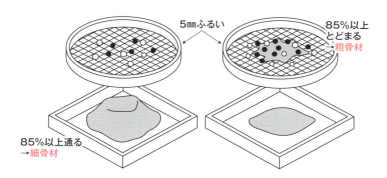

1.2.1 骨材の物理的性質の適用基準

　骨材は，コンクリート容積の約7割を占めるため，骨材の良否がコンクリートの品質に及ぼす影響は極めて大きい。骨材の性質のうち，おもなものの適用基準は次のとおり。

❶ 粒度　　★☆☆

　骨材の大小粒の混合している程度を粒度という。粒度のよい骨材を用いると，コンクリートの**単位水量**（P.88）や単位セメント量**が少なく**なってワーカビリティー（P.85）が改善され，施工しやすく耐久性の高いコンクリートができる。
　骨材の粒度を数値で表す指標を粗粒率といい，80，40，20，10，5，2.5，1.2，0.6，0.3，0.15mmのふるいを用いてふるい分け試験を行って求める。次ページの表は，粗粒率の計算例である。粗骨材のように骨材の径が大きく，粒度が粗い骨材は，ふるいにとどまる容積が増えるため，**粗粒率**は**大きく**なる。細骨材では，一般に2.3～3.5が望ましい。

> **Level Up**
> ふるい分け試験において，質量で少なくとも90％以上が通る粗骨材の寸法を，粗骨材の最大寸法という。

粗骨材		
80mm	ふるいにとどまる試料の量	0%
40mm	〃	0%
25mm	〃	3%
20mm	〃	31%
15mm	〃	54%
10mm	〃	78%
5mm	〃	98%
2.5mm	〃	100%

粗骨材の粗粒率（$F.M.$）
$$= \frac{31+78+98+100+100+100+100+100}{100} = 7.07$$

細骨材		
10mm	ふるいにとどまる試料の量	0%
5mm	〃	5%
2.5mm	〃	10%
1.2mm	〃	30%
0.6mm	〃	50%
0.3mm	〃	78%
0.15mm	〃	94%

細骨材の粗粒率（$F.M.$）
$$= \frac{5+10+30+50+78+94}{100} = 2.67$$

❷ 吸水率

骨材の吸水率は，骨材の石質や大きさなどによって異なるが，一般に，**密度の大きい骨材**の方が，**吸水率は小さい**。吸水率は，原則として，細骨材で3.5%，粗骨材で3.0%以下でなければならない。

骨材の含水状態による名称は，図のとおりである。このうち，配合設計で用いられる基準の状態は，「表面乾燥飽水状態（表乾状態）」で示される。

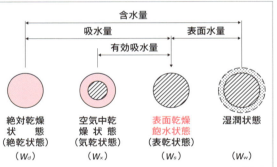

❸ 耐凍害性

骨材の凍害に対する耐久性（耐凍害性）は，同種の骨材を用いた既存の例にもとづいて判断するのが最も適当である。過去における適当な使用例がないときは，硫酸ナトリウムによる**安定性試験**や，その骨材を用いたコンクリートの凍結融解試験などの促進耐候性試験を行って，その結果から判断する。

密度が大きく**吸水率の小さい骨材**は，一般に**耐久性が大きい**といえる。一方，**多孔質**で強度が小さい（密度が小さく吸水率の大きい）粒子は，コンクリートの**耐凍害性を損なう**原因となる。

なお,『コンクリート標準示方書』では,硫酸ナトリウムによる安定性試験における損失質量の上限を細骨材で10%, 粗骨材で12%としている。

密度が大きく吸水率の小さい骨材を用いたコンクリートは, 耐凍害性が向上する, ということになるね！

④ すりへり抵抗

コンクリートのすりへりに対する抵抗性を向上させるためには, 堅硬で摩耗抵抗性の大きい良質な骨材を使用する。特に舗装用およびダム用のコンクリートに用いる骨材は, **すりへり抵抗が大きい**ことが重要である。

また, すりへり減量の大きい骨材を用いると, コンクリートのすりへり抵抗性が低下するため,『コンクリート標準示方書』では, ロサンゼルス試験機による骨材のすりへり減量の上限を, 舗装では35%以下, ダムでは40%以下としている。

1.2.2 骨材に要求される性質

骨材の物理的な性質をふまえ, 骨材に要求される性質をまとめると次のとおり。

- ✓ コンクリートの強度および耐久性に悪影響を与えないために, ごみ・どろ・**有機不純物・塩化物**等を有害量**含まない**
- ✓ コンクリートの単位水量を少なくするために, **適切な粒度**を持ち, **薄い石片**や**細長い石片**を有害量**含まない**
- ✓ 均質なコンクリートをつくるために, **粒度の変化が少ない**ものであること

1.3 混和材料

混和材料とは，コンクリートの性質を改善する材料であり，次の2つに分けられる。

混和剤：使用量が少なく，コンクリートの練上がり容積に算入しないもの
混和材：使用量が多く，コンクリートの練上がり容積に算入するもの

1.3.1 混和材料の種類 ··· ★★★

混和材料の分類と，その特徴および効果については表のとおり。

分類			特徴および効果	用途
混和剤	AE剤		コンクリートの中に微細な独立した気泡を一様に分布させる混和剤。ワーカビリティーがよくなって分離しにくくなり，ブリーディングやレイタンスが少なくなる。凍結，融解に対する抵抗性（耐凍害性）が増す。コンクリートの肌がよくなる	最も一般的に用いられる。特に寒冷地では必ず用いられる
	減水剤	標準型	やわらかくなるため，同一ワーカビリティーの場合には減水できる。減水に伴って単位セメント量を減らせる。コンクリートを緻密にし，鉄筋との付着などがよくなる。コンクリートの粘性が増し，分離しにくくなる	単位水量，単位セメント量が多くなりすぎるときなどに用いられる
		促進型	標準型と同様の効果をもつが，強度が早く発現するのが特徴。塩化物を含んでいるものが多いため，鉄筋の発錆などの問題がある場合は注意を要する	おもに寒中施工の場合
		遅延型	減水効果のほかに，コンクリートの凝結を遅らせる効果がある。コンクリートの水和熱による温度上昇の時間を若干遅らせる	マスコンクリート暑中コンクリート
	AE減水剤		AE剤と減水剤の効果を両方兼ね備えている混和剤。標準型，促進型，遅延型がある	AE剤同様，一般的に使用される
	高性能減水剤（流動化剤）		減水率が特に高く，高強度コンクリートや流動化コンクリート用として使用される	高強度用。特に単位水量・セメント量を少なくしたいときなど
	凝結遅延剤		凝結の開始時刻を遅らせる混和剤。多量に用いると硬化不良を起こすことがある	暑中施工時
	防錆剤		鉄筋の防錆効果を期待するものである	海砂を使う場合など
混和材	ポゾラン	フライアッシュ	単位水量を減らし，水和熱による温度上昇の低減，長期強度の増進，乾燥収縮の減少，水密性や化学的侵食に対する抵抗性の改善につながる	マスコンクリート暑中コンクリート
		シリカフューム	材料分離やブリーディングを生じにくくし，強度が増加し，水密性や化学抵抗性が向上する。ただし，単位水量が増加し，乾燥収縮の増加につながるので注意が必要	
	高炉スラグ微粉末		水和熱の発生速度を遅くする，長期強度の増進，水密性を高め塩化物イオン等の浸透抑制，化学抵抗性の改善	
	膨張材		硬化過程において膨張を起こさせ，乾燥収縮や硬化収縮に起因するひび割れ発生を低減する	水密コンクリートなどひび割れ防止用

一問一答チャレンジ

❶	セメントは風化すると密度が大きくなる。	✕
❷	中庸熱ポルトランドセメントは，ダム工事等のマスコンクリートに適している。	◯
❸	骨材の粗粒率が大きいほど，粒度が細かい。	✕
❹	吸水率の大きい骨材を用いたコンクリートは，耐凍害性が向上する。	✕
❺	AE剤は，コンクリートの耐凍害性の向上を図る混和剤として用いられる。	◯
❻	流動化剤は，コンクリートの収縮に伴うひび割れの発生を抑制する目的で使用される。	✕
❼	フライアッシュは，コンクリートの水和熱による温度上昇の低減を図る目的で使用される。	◯
❽	高炉スラグ微粉末は，水密性を高め塩化物イオンなどのコンクリート中への浸透を抑える。	◯

【解説】

❶風化したセメントは，密度が小さくなって凝結が遅くなり，強度も低下する。

❸径が大きく粒度が粗い骨材は，ふるい分け試験のふるいにとどまる容積が増えるため，粗粒率が大きくなる。

❹密度が小さく吸水率の大きい骨材は多孔質で強度が小さい。多孔質な骨材はコンクリートの耐凍害性を損なう。

❻流動化剤は，流動性を大幅に改善させる混和剤である。設問は膨張材の説明である。

2. 性質・配合設計

要点整理

コンクリートの性質に関連する用語

性質に関連する用語	用語の説明
ワーカビリティー	コンクリートの打込み・締固めなどの作業のしやすさ
スランプ	コンクリートのやわらかさの程度を示す指標
コンシステンシー	フレッシュコンクリートの変形または流動に対する抵抗性
材料分離抵抗性	コンクリート中の材料が分離することに対する抵抗性
ブリーディング	練混ぜ水の一部が遊離してコンクリート表面に上昇する現象
レイタンス	コンクリート表面に水とともに浮かび上がって沈殿する物質

配合設計において留意する項目と内容

留意する項目	内容
粗骨材の最大寸法	鉄筋の最小あきおよびかぶりの3/4を超えないことを標準とする
スランプ	施工ができる範囲内で，できるだけ小さくなるようにする
空気量	凍結融解作用を受けるような場合には，JISの目標値より大きめの6％程度とする
水セメント比	強度や耐久性等を満足する値の中から最も小さい値を選定する
単位水量	所要のワーカビリティーが得られる範囲内で，できるだけ少なくなるよう試験により定める
細骨材率	所要のワーカビリティーが得られる範囲内で，単位水量が最小になるよう試験により定める
単位セメント量	粗骨材の最大寸法が20～25mmの場合に，少なくとも270kg/㎥以上は確保する

2.1 コンクリートの性質

　所要の性能を有するコンクリート構造物をつくるには，コンクリートの運搬や打込み，締固め，仕上げなどの作業が適切に行われる必要がある。そのためには，品質のばらつきが少なく，適切な施工を行うことができるフレッシュコンクリートを用いる必要がある。フレッシュコンクリートの性質を表す用語で，特に重要なものは次のとおり。

> **用語**
> **フレッシュコンクリート**
> 練り混ぜが完了して凝結が始まっていないコンクリートのこと

❶ ワーカビリティー ★★★

　ワーカビリティーとは，材料分離を生じることなく，運搬，打込み，締固め，仕上げなどの**作業が容易にできる程度**を表すフレッシュコンクリートの性質である。

　ワーカビリティーを測定するための満足な方法はないが，**スランプ試験**は，コンクリートのワーカビリティーを判断する補助的手段として用いられる。

　スランプとは，フレッシュコンクリートの**やわらかさの程度**を示す指標のひとつである。

　スランプ試験は，スランプ値を求めるものである。図のように，高さ**30cm**のスランプコーンにコンクリートを**3層**に分けて詰め，各層ごとに突き棒で**25回**ずつ一様に突いて表面を均した後，スランプコーンを静かに鉛直に引き上げ，コンクリートの中央部で下がりを**0.5cm**単位で測定する。

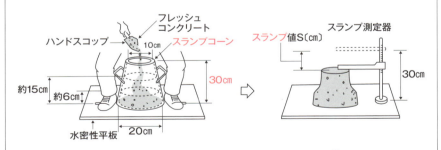

スランプ試験にまつわる数値は覚えておこう！

❷ コンシステンシー ★★☆

コンシステンシーとは，フレッシュコンクリートの**変形または流動に対する抵抗性**である。コンシステンシーが増大すればコンクリートの作業は**困難**となるが，材料分離の傾向は**小さく**なる。減水剤やAE剤を使用すると，コンクリートのコンシステンシーは一般に減少する。

❸ 材料分離抵抗性 ★★★

材料分離抵抗性は，フレッシュコンクリート中の**材料が分離することに対する抵抗性**をいう。粘りの**少ない**フレッシュコンクリートの中では，材料どうしが分離しやすく，コンクリートの運搬や打込み時に粗骨材が局部に集中したり，**ブリーディング**が起きたりする。材料分離が生じたコンクリートは施工性が悪くなり，硬化後の強度や耐久性が低下する。

ブリーディングとは，コンクリート打込み後，セメントおよび骨材粒子の分離，上昇・沈降に伴い，練混ぜ水の一部が**遊離してコンクリート表面に浮かび上がる**現象をいう。一般に打込み後，2～4時間で終了する。

図は材料分離とブリーディング現象を表したものであるが，ブリーディングに伴い，コンクリートの表面に**浮かび出て沈殿した薄皮**状に見えるもの（骨材中の微粒子，セメント水和物等の微細な物質）を**レイタンス**という。レイタンスは，強度・水密性が小さく，打継面の弱点になるため，必ず**取り除く**。

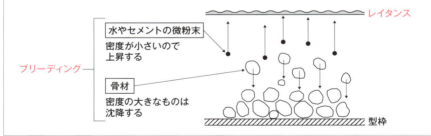

Level Up

❶～❸のほかにも次の性質をおさえておくとよい。

ポンパビリティー：コンクリートの圧送を可能にするためのコンクリート自体の品質や性能
フィニッシャビリティー：粗骨材の最大寸法，細骨材率，細骨材の粒度，コンシステンシーなどによる仕上げの容易さを示すフレッシュコンクリートの性質

2.2 配合設計

　配合設計とは，所定の品質が得られるようにコンクリート材料の混合割合を定めることである。コンクリートの品質に最も大きなかかわりを持つものは，**水セメント比**と**単位水量**である。コンクリートの配合は，所要の**品質**と作業に適する**ワーカビリティー**が得られる範囲内で，**単位水量**を**できるだけ少なく**するように，次の項目に留意して設定する。

❶ 粗骨材の最大寸法　　★☆☆

　粗骨材の最大寸法は，鉄筋コンクリートの場合は部材最小寸法の1/5 以下，**鉄筋の最小水平あき**の**3/4**以下とする。

❷ スランプ　　★★☆

　コンクリートの**スランプ**は，運搬，打込み，締固めなどの作業に適する範囲内で，**できるだけ小さく**定める。

　製造から打込みまでの時間経過，現場までのスランプの低下を考慮して，荷卸しおよび練上りの目標スランプを設定する。

　最小スランプは，鋼材の最小あき等の配筋条件，締固め作業高さ等の施工条件にもとづいて選定する（Level Up参照）。

Level Up
　　打込みの最小スランプの目安は，鋼材の最小あきが小さいほど大きくなるように定め，締固め作業高さが高いほど大きくなるように定める。また，鋼材量が少ないほど小さくする。

❸ 空気量　　★☆☆

　空気量は，練上り時においてコンクリート容積の**4～7%**を標準とする。寒冷地等で長期的に凍結融解作用を受けるような場合には，**6%**程度の空気量とする。

❹ 水セメント比　　★☆☆

　水セメント比は，原則として，65%以下とする。国土交通省通達では，鉄筋コンクリートの場合は55%以下，無筋コンクリートは60%以下としている。

　水セメント比は，コンクリートに求められる性能を考慮し，これらから定まる水セメント比のうちで**最小の値**を設定する。

5 単位水量 ★★☆

単位水量は，所要のワーカビリティーが得られる範囲内で，**できるだけ少なく**なるよう試験により定める。コンクリートの単位水量の上限は175kg /m³を標準とする。

6 細骨材率 ★☆☆

細骨材率は，所要のワーカビリティーが得られる範囲内で，**単位水量が最小**になるよう**試験**により定める。

7 単位セメント量（単位粉体量） ★☆☆

単位セメント量は，粗骨材の最大寸法が20～25㎜の場合に，少なくとも**270**kg/m³以上は確保し，より望ましくは300kg/m³以上とする。

一問一答チャレンジ

❶	コンシステンシーとは，コンクリートの仕上げ等の作業のしやすさである。	×
❷	材料分離抵抗性とは，コンクリート中の材料が分離することに対する抵抗性である。	○
❸	ブリーディングとは，練混ぜ水の一部の表面水が内部に浸透する現象である。	×
❹	最小スランプの目安は，鋼材の最小あきが小さいほど，大きくなるように定める。	○
❺	空気量は，凍結融解作用を受けるような場合には，できるだけ少なくするのがよい。	×
❻	水セメント比は，強度や耐久性等を満足する値の中から最も小さい値を選定する。	○

【解説】

❶コンシステンシーとは，フレッシュコンクリートの変形または流動に対する抵抗性を表す性質である。設問はフィニッシャビリティーに関する記述。

❸ブリーディングは，練混ぜ水の一部が遊離してコンクリートの表面まで上昇する現象である。

❺空気量は，練上がり時においてコンクリート容積の4～7％が標準である。凍結融解作用を受けるような場合には，大きめの6％程度とするのがよい。

3. 施工

要点整理

運搬・打込み

■ コンクリートを練り混ぜてから打ち終わるまでの時間は，外気温が25℃以下のときで2時間以内，25℃を超えるときで1.5時間以内を標準とする

■ 型枠内にたまった水は，コンクリートを打ち込む前に取り除く

■ コンクリート打込みの1層の高さは，40〜50cm以下とする

■ 2層以上に分けて打ち込む場合の許容打重ね時間間隔は，外気温が25℃以下のときは2.5時間，25℃を超えるとき2時間以内とする

締固め

■ 棒状バイブレータの挿入間隔は，一般に50cm以下にする

■ 棒状バイブレータの挿入時間の目安は，一般には5〜15秒程度とする

■ 2層以上に分けて打ち込む場合は，上層と下層が一体となるように下層コンクリート中にも棒状バイブレータを10cm程度挿入する

■ 棒状バイブレータは，コンクリートに穴が残らないように徐々に引き抜く

■ 棒状バイブレータは，コンクリートを横移動させる目的では用いない

仕上げ・養生

■ 密実な表面を必要とする場合は，作業が可能な範囲でできるだけ遅い時期に金ごてで仕上げる。

■ 仕上げ後，コンクリートが固まり始める前に発生したひび割れは，タンピング等で修復する。

■ 養生では，散水，湛水，湿布で覆う等して，コンクリートを一定期間湿潤状態に保つことが重要である

3.1 運搬・打込み・締固め

コンクリートは，練混ぜ後，速やかに運搬してただちに打ち込み，十分に締め固めなければならない。ここでは，適切な施工を行うための，各作業における作業上の要点について解説する。

3.1.1 運搬 ･･ ★★☆

コンクリートの運搬は，『コンクリート標準示方書』において，練り混ぜてから打ち終わるまでの時間は，外気温が**25℃以下**のときで**2時間以内**，**25℃を超える**ときで**1.5時間以内**を標準としている。

一方，JIS（日本産業規格）では，練混ぜを開始してから1.5 時間以内に荷卸し地点に到着するように運搬しなければならないとしている（表参照）。

輸送・運搬時間の限度			
コンクリート標準示方書（2023）	練り混ぜてから打込み終了まで	外気温が25℃以下のとき	2.0時間
		外気温が25℃を超えるとき	1.5時間
JIS A 5308（2024）	練り混ぜてから荷卸し地点に到達するまで	1.5時間	

Level Up

運搬時の留意事項を次に挙げる。
- 現場内において，バケットを使ってコンクリートを運搬する方法は，コンクリートに振動を与えることが少なく，コンクリートの材料分離を少なくできる方法のひとつである。
- 高いところからコンクリートをおろす場合は，縦シュートを用いる。また，縦シュートの下端とコンクリート打込み面との距離は，1.5m以下としなければならない。
- コンクリートポンプで圧送する前には，輸送管内面の潤滑性を確保するために先送りモルタルを送る。先送りモルタルの水セメント比は，使用するコンクリートと同等以上の品質とする。また，ポンプ圧送は連続的に行い，中断は避ける。

3.1.2 打込み ･･ ★★★

打込み準備および打込み時における，作業上の留意事項は次のとおり。

Check!!

打込み準備
- ✓ 打込み前には型枠内部の点検清掃を行う
- ✓ 旧コンクリートやせき板面などの吸水するおそれのある箇所に散水し，湿潤状態を保つ
- ✓ 型枠内にたまった水は，打込み前に取り除く

用語

せき板
コンクリート打込みの型枠に用いる板のこと

Check!!

打込み時

- 打ち込んだコンクリートは，型枠内で横移動させない
- コンクリート打込みの1層の高さは，40～50cm以下とする
- コンクリートを2層以上に分けて打ち込む場合，コールドジョイントが発生しないよう，許容打重ね時間間隔（表）等を定める

外気温	許容打重ね時間間隔
25℃以下	2.5時間
25℃を超える	2.0時間

- コンクリートの落下高さは1.5m以内とする
- コンクリートの打込み中，表面にブリーディング水がある場合には，スポンジやひしゃく，小型水中ポンプなどで取り除く

用語

コールドジョイント
コンクリートを層状に打ち込む場合に，先に打ち込んだコンクリートと後から打ち込んだコンクリートとの間が，完全に一体化していない不連続面

「運搬（練り混ぜてから打込み終了まで）の時間」と「許容打重ね時間間隔」を混同しないように注意しよう！

3.1.3 締固め ★★★

コンクリートの締固めにおける，作業上の留意事項は次のとおり。

Check!!

- 締固めには，棒状バイブレータを用いる
- 棒状バイブレータは鉛直に挿入し，挿入間隔は50cm以下とする（図）
- 棒状バイブレータは，下層のコンクリート中に10cm程度挿入し（図），1箇所あたりの振動時間は5～15秒とする

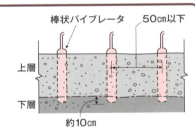

- 棒状バイブレータの引抜きは徐々に行い，あとに穴が残らないようにする
- 棒状バイブレータは，コンクリートを横移動させる目的で使用してはならない

3.1.4 仕上げ

コンクリートの仕上げにおける，作業上の留意事項は次のとおり。

> **Check!!**
> - コンクリートの仕上げ作業後，コンクリートが固まり始めるまでの間に発生した<u>ひび割れ</u>は，<u>タンピング</u>または<u>再仕上げ</u>によって修復する
> - なめらかで<u>密実な表面</u>を必要とする場合には，できるだけ<u>遅い時期</u>に，<u>金ごて</u>で強い力を加えてコンクリート上面を仕上げる

3.2 養生

コンクリート打込み後，コンクリートが相当の強度を発揮するまで保護することを養生という。養生作業の目的は次のとおり。

- 打込み後，硬化を始めるまで，直射日光や風などに対してコンクリートの<u>露出面を保護</u>する
- コンクリートが十分硬化するまで，衝撃および荷重を加えないように保護する
- コンクリートの硬化が十分に進むまで，硬化に必要な<u>温度を保つ</u>
- <u>硬化中十分湿潤</u>な状態に保つ

3.2.1 養生の方法

具体的な養生方法は表のとおり。

種類	対象	方法	具体的な手段
湿潤状態に保つ	コンクリート全般	給水	湛水，散水，湿布，養生マット等
		水分逸散抑制	せき板存置，シート・フィルム被覆，膜養生剤等
温度を制御する	暑中コンクリート	昇温抑制	散水，日覆い等
	寒中コンクリート	給熱	電熱マット，ジェットヒータ等
		保温	断熱性の高いせき板，断熱材等
	マスコンクリート	冷却	パイプクーリング等
		保温	断熱性の高いせき板，断熱材等
	工場製品	給熱	蒸気，オートクレーブ等
有害な作用に対して保護する	コンクリート全般	防護	防護シート，せき板存置等
	海洋コンクリート	遮断	せき板存置等

3.2.2 湿潤養生 ·· ★★☆

硬化中，十分湿潤な状態に保つための養生である湿潤養生における，作業上の留意事項は次のとおり。

Check!!

- 直射日光や風などによって表面だけが急激に乾燥するとひび割れの原因となるため，シートなどで日よけや風よけを設ける
- コンクリートの露出面は養生マット，布等をぬらしたもので覆うか，散水，湛水を行い，湿潤状態に保つ。湿潤状態に保つ期間の標準は表のとおり

日平均気温	普通ポルトランドセメント	混合セメントB種	早強ポルトランドセメント
15℃以上	5日	7日	3日
10℃以上	7日	9日	4日
5℃以上	9日	12日	5日

- 膜養生（膜養生剤を均一に散布し，水の蒸発を防ぐ養生方法）は，コンクリート表面の水光りが消えた直後に行う

一問一答チャレンジ

❶	コンクリートを練り混ぜてから打ち終わるまでの時間は，外気温が25℃を超えるときは2時間以内を標準とする。	✕
❷	打ち込んだコンクリートは，水平になるように型枠内で横移動させる。	✕
❸	2層以上に分けて打ち込む場合は，外気温が25℃を超えるときの許容打ち重ね時間間隔は2時間以内とする。	◯
❹	仕上げ後，コンクリートが固まり始める前に発生したひび割れは，タンピング等で修復する。	◯
❺	養生では，散水，湛水，湿布で覆う等して，コンクリートを一定期間湿潤状態に保つことが重要である。	◯

【解説】
❶外気温が25℃以下のときで2時間以内，25℃を超えるときは1.5時間以内を標準とする。
❷打ち込んだコンクリートは，型枠内で横移動させてはならない。

93

4. 鉄筋工・型枠および支保工

要点整理

鉄筋工

- 鉄筋は，常温で加工することを原則とする
- 曲げ加工した鉄筋の曲げ戻しは行わないことを原則とする
- 鉄筋表面の浮きさび，油，ペンキ等は，コンクリートへの付着を害するため除去する
- 組立後に鉄筋を長期間大気にさらす場合は，鉄筋表面に防錆処理を施す
- 鉄筋の交点の要所は直径0.8mm以上の焼きなまし鉄線やクリップを用いて緊結する
- 型枠に接するスペーサは，原則としてモルタル製あるいはコンクリート製を使用する
- 鉄筋の継手箇所は，同一の断面に集中させない

型枠および支保工

- コンクリートの側圧は，コンクリート条件や施工条件により変化する
- 型枠内面には，剥離剤を塗布することを原則とする
- 型枠を取り外す順序は，まず荷重を受けない部分を取り外し，その後，重要な部分を取り外す

鉄筋工と型枠・支保工については最低限ここに記載している事項をおさえておこう！

4.1 鉄筋工

鉄筋は，設計図書で定められた寸法および形状に，材質を害さない適切な方法で加工し，これを所定の位置に配置して，堅固に組み立てなければならない。ここでは，鉄筋工のうち加工，組立て，継手について解説する。

4.1.1 鉄筋の加工 ★☆☆

鉄筋は，**常温**で**曲げ加工**するのを原則とする。一度曲げ加工した鉄筋を曲げ戻すと材質を害するおそれがあるので，できるだけ行わない。

施工継目の部分などで一時的に曲げておき，後で曲げ戻す場合は，900～1,000℃程度で加熱加工し，急冷却しなければ材質が害されることはない。

また，鉄筋は，原則として**溶接してはならない**。

4.1.2 鉄筋の組立て ★★★

鉄筋の組立てにおける，作業上の留意事項は次のとおり。

Check !!

- ✓ 鉄筋は組み立てる前に清掃し，**浮きさび**，**どろ**，**油**，**ペンキ**などの鉄筋とコンクリートの付着を害するおそれのあるものを**除去**する
- ✓ 組み立てた鉄筋が長時間大気にさらされる場合には，浮きさび，どろ，油などの付着を防止するため，鉄筋の**防錆処理**等を行う
- ✓ 鉄筋相互の位置を固定する場合には，鉄筋の交点を直径0.8mm以上の**焼なまし鉄線**や**クリップ**を用いる

鉄筋と基礎砕石・せき板との間隔は，**スペーサ**を用いて正しく保ち，**かぶり**を確保しなければならない。

スペーサは**モルタル製**か**コンクリート製**を使用し，図のように配置する。

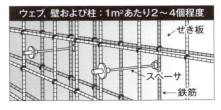

用語

かぶり
鉄筋の表面からコンクリート表面（基礎砕石面またはせき板面）までの最短距離を測ったコンクリートの層，またはその厚さ

4.1.3 鉄筋の継手 ★★☆

鉄筋の継手における作業上の留意事項は，次のとおり。

Check!!

- 鉄筋の継手位置は，できるだけ応力の大きい断面を避ける
- 継手は，同一断面に集めないことを原則とする。継手位置を軸方向にずらす距離は，継手の長さに鉄筋直径の25倍を加えた長さ以上とする
- 鉄筋の重ね継手は，所定の長さを重ね合わせて，直径0.8mm以上の焼なまし鉄線で数箇所緊結する（図）

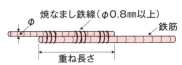

4.2 型枠および支保工

型枠および支保工は，コンクリート構造物の設計図に示されている形状および寸法となるよう，事前に作成した施工計画にもとづき，原則としてその設計図を作成したうえで施工しなければならない。

4.2.1 設計 ★★☆

型枠および支保工は，構造物の種類，規模，重要度，施工条件および環境条件を考慮して，各荷重に対して安全性を確保できるように設計する。なかでも，コンクリートの側圧は，使用材料や配合などのコンクリート条件や，打込み速度，打込み高さ，締固め方法，打込み時のコンクリート温度といった施工条件によって変化するため，設計時にはこれを考慮する。

4.2.2 施工 ★★★

型枠の施工時には，締付け金物のセパレータは，水の浸透経路になったり，ひび割れの原因となるおそれがあるため，プラスティック製コーンを除去した穴は高品質のモルタル等で埋めておく。

また，せき板内面には，コンクリートが型枠に付着するのを防ぎ，型枠の取外しを容易にするため，剥離剤を塗布する。

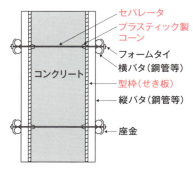

Level Up

型枠のすみに適切な面取り材をつけてコンクリートのかどに面取りを設けることにより，型枠取外し時や工事の完成後の衝撃によるコンクリートのかどの破損を防止する効果がある。

4.2.3 取外し ★☆☆

型枠および支保工は，コンクリートが自重および施工中に加わる荷重を受けるのに必要な**強度**に達するまで，取り外してはならない。

型枠を取り外す順序は，まず**荷重を受けない部分**を取り外し，その後，**重要な部分**を取り外すものとする。

一問一答チャレンジ

❶	鉄筋は，曲げやすいように，原則として加熱して加工する。	×
❷	鉄筋どうしの交点の要所は，スペーサで緊結する。	×
❸	鉄筋の継手個所は，施工しやすいように同一の断面に集中させる。	×
❹	組立後に鉄筋を長時間大気にさらす場合は，鉄筋表面に防錆処理を施す。	○
❺	型枠内面には，剥離剤を塗布することを原則とする。	○
❻	コンクリートの側圧は，コンクリート条件や施工状況により変化する。	○
❼	型枠は，取りやすい場所から外していくことを原則とする。	×
❽	支保工は，施工時および完成後の沈下や変形を想定して，適切な上げ越しを行う。	○

【解説】

❶**常温で曲げ加工**することを原則としている。

❷直径0.8mm以上の**焼きなまし鉄線**や**クリップ**を用いて緊結する。

❸鉄筋の継手箇所は，**同一断面に集めない**ことを原則としている。

❼型枠は，**比較的荷重を受けない部分から**取り外し，その後**残りの重要な部分**を取り外す。

第 3 章

基礎工

　土木構造物の下部構造は，上部構造からの荷重を直接受ける橋脚・橋台などの「躯体」と，荷重を地盤に伝達する「基礎」で構成されます。基礎をつくる工事のことを，一般に基礎工といいます。基礎はおもに地中につくられ，完成すればほとんどが埋め戻されて見えなくなりますが，構造物を支える重要な部分です。本章では，基礎工のうち，2級でよく出題される土留めと既製杭工法，場所打ち杭工法について解説します。

基礎工のキソ知識 ……………………………………… 100

基礎工分野の出題傾向 ………………………………… 101

1. 土留め ………………………………………………… 102

2. 既製杭工法 …………………………………………… 107

3. 場所打ち杭工法 ……………………………………… 112

勉強を始める前におさえておきたい

基礎工のキソ知識

基礎工の試験範囲を勉強する前に理解しておきたい基礎知識をコンパクトに紹介します。

● おもな基礎は直接基礎・杭基礎・ケーソン基礎の3種

　基礎は，施工位置や基礎地盤の良否，周辺環境への影響などによって形式・工法が異なる。

　図（上）のように，基礎地盤が浅い位置にある場合は①直接基礎，浅い位置にない場合は②杭基礎，③ケーソン基礎を施工する。

　また，工法の分類は図（下）のとおりで，2級では赤字の工法がよく出題される。

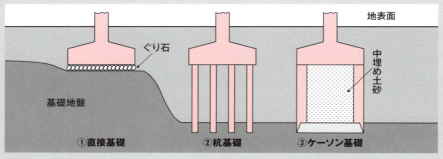

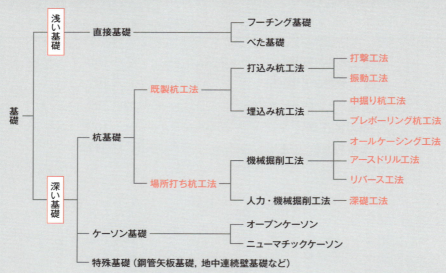

基礎工分野の出題傾向

基礎工分野からは毎回3問出題されており，おもな内容は表のとおりです。

【過去15回の出題内容】

No.	出題項目分類		R6後	R6前	R5後	R5前	R4後	R4前	R3後	R3前	R2後	R2前	R元後	R元前	H30後	H30前	H29後	H29前
1	土留め	土留め壁の種類と特徴								11				11		11		11
		支保工の工法と特徴／掘削底面の破壊現象	16	16	11	11	11	11										
		支保工の部材名称							11		11		11		11		11	
2	既製杭工法	打込み杭工法	14		9	9	9		9		9		9	9			9	9	9
		埋込み杭工法		14				9	9					9				
3	場所打ち杭工法		15	15	10	10	10	10	10	10	10		10	10	10	10	10	10

※表中の数字は試験に出題されたときの問題番号です。

ここを問われる！

1. 土留め
土留め壁の種類と特徴，支保工の工法と特徴，支保工の部材名称，掘削底面の破壊現象

2. 既製杭工法
打込み杭工法で使用する杭打ち機，打撃工法の施工，中掘り杭工法・プレボーリング杭工法の施工

3. 場所打ち杭工法
場所打ち杭工法の各工法の特徴，工法名と使用するおもな資機材の組合せ

限られた範囲から出題されているので，ここで解説する内容をしっかりおさえていれば得点できるよ

1. 土留め

要点整理

土留め壁の種類と特徴

親杭・横矢板：止水性がなく，施工が容易
鋼　矢　板：止水性が高く，施工は比較的容易
柱　列　杭：剛性が大きいため，深い掘削や軟弱地盤に適している
連続地中壁：適用地盤の範囲は広いが，工事費が高くなる傾向にある

支保工の施工

自立式土留め工法：支保工を用いず，掘削側の地盤の抵抗によって土留め壁を支持する工法
切梁式土留め工法：切梁，腹起しなどの支保工を用いる工法で，中間杭や火打ちを用いるものもある
アンカー式土留め工法：土留めアンカー（引張材）を用いる工法

支保工の部材名称

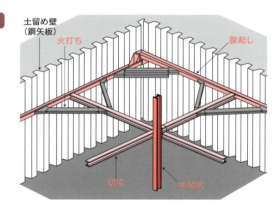

掘削底面の破壊現象

ヒービング：軟弱な粘性土地盤を掘削したときに，掘削底面が盛り上がる現象
ボイリング：砂質地盤で地下水位以下を掘削したときに，砂が吹き上がる現象
パイピング：砂質土の弱いところを通ってパイプ状にボイリングが生じる現象

1.1 土留めとは

基礎や地下構造物を施工する際には，必要となる作業空間を確保するために，原地盤の掘削を行う。掘削に伴う周辺地盤の土砂崩壊の防止と止水のために設ける仮設構造物を土留めといい，土留め壁と支保工で構成される。

1.1.1 土留め壁の種類と特徴 ★★★

土留め壁は，掘削した断面周辺の土砂崩壊を防止するための仮設構造物である。おもな土留め壁の種類と特徴を表に示す。

名称	構造形式	特徴
親杭・横矢板	親杭／横矢板	・施工が比較的容易である ・止水性がない
鋼矢板	鋼矢板	・施工が比較的容易である ・止水性がある ・壁体の変形が大きい
柱列式連続壁（柱列杭）	応力材／芯材	・親杭・横矢板や鋼矢板に比べ剛性が大きい ・深い掘削や軟弱地盤に適する
地中連続壁（連続地中壁）		・止水性がよい ・剛性が大きい ・本体構造物（躯体基礎）として利用される ・適用地盤の範囲が広く，軟岩にも適用できる ・工事費が高くなる傾向がある

それぞれの特徴をおさえておこう！

1.1.2 支保工の工法と特徴 ································· ★★★

　支保工は，土留め壁を支持し，所定の位置に固定する仮設構造物である。どのように土留め壁を支持するかによって，いくつかの種類に分かれる。おもな支保工の工法と特徴を表に示す。

工法	概念図	概要	特徴
自立式土留め工法	←土留め壁	切梁・腹起し等の支保工を用いず，掘削側の地盤の抵抗のみによって土留め壁を支持する工法	・比較的良質な地盤で，浅い掘削に適する ・掘削面内に支保工がないので，掘削が容易 ・支保工がないため，土留め壁の変形が大きくなる
切梁式土留め工法	腹起し　切梁　←土留め壁	切梁・腹起し等の支保工と掘削側の地盤の抵抗によって土留め壁を支持する工法	・現場の状況に応じて支保工の数，配置等の変更が可能 ・機械掘削に際して，支保工が障害となりやすい ・掘削面積が広い場合，支保工が増える
アンカー式土留め工法	腹起し　土留めアンカー（引張材）　定着層　←土留め壁	掘削周辺地盤中に定着させた土留めアンカー（引張材）と掘削側の地盤の抵抗によって土留め壁を支持する工法	・掘削面内に切梁がないので，機械掘削が容易 ・偏土圧が作用する場合や任意形状の掘削にも適応可能

1.1.3 支保工の部材名称 ································· ★★★

　支保工のおもな部材は次のとおり（図は次ページ）。

腹起し：矢板や親杭を支え，その力を切梁へ伝える部材
切　梁：腹起しを利用して突っ張り材として壁を支えるものであり，一般に圧縮材を指す
火打ち：切梁と腹起し間，または隅角部の腹起し間に取り付ける方杖の部材
中間杭：支保工の自重および施工時の荷重を支えると同時に，切梁の座屈防止や局所的な反力の減少，切梁全体の湾曲防止のために設ける部材

土留め壁に鋼矢板を使用し，切梁式土留め工法によって支保工を用いた場合は図のようになる。

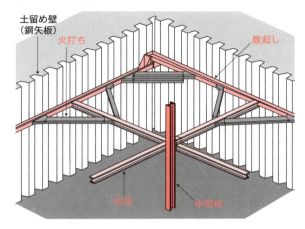

1.1.4 掘削底面の破壊現象

掘削底面の安定が損なわれると，地盤の状態に応じて❶ヒービング，❷ボイリング，❸パイピングなどの破壊現象が発生する。

❶ ヒービング ★★☆

掘削底面にやわらかい**粘性土**がある場合，土留め壁背面の荷重などによって，掘削底面が**隆起**し，**土留め壁のはらみ**や**周辺地盤の沈下**が生じ，最終的には**土留めの崩壊**に至る。

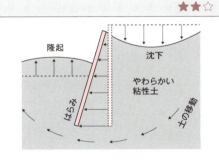

❷ ボイリング ★★☆

地下水位の高い**砂質土**の場合，遮水性の高い土留め壁を用いると，水位差により**上向きの浸透流**が生じ，水と砂が**沸騰したように湧き上がって**土留めの**安定性が損なわれる**。

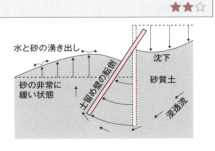

❸ パイピング

ボイリングと同じ地盤（地下水位の高い砂質土）で図のように水みちができやすい状態がある場合，地盤の弱い箇所の土粒子が浸透流によって流されて土中に水みちが形成され，その後拡大し，最終的にはボイリング状の破壊に至る。

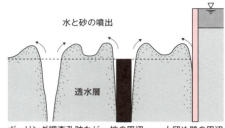

一問一答チャレンジ

❶	柱列杭は，剛性が小さいため，浅い掘削に適する。	×
❷	鋼矢板は，止水性が高く，施工が比較的容易である。	○
❸	自立式土留め工法は，切梁や腹起しを用いる工法である。	×
❹	アンカー式土留め工法は，引張材を用いる工法である。	○
❺	腹起しは，矢板や親杭を支え，その力を切梁へ伝える部材である。	○
❻	ボイリングとは，砂地盤で地下水位以下を掘削したときに，砂が吹き上がる現象である。	○
❼	パイピングとは，砂地盤の弱いところを通ってヒービングがパイプ状に生じる現象である。	×

【解説】

❶柱列杭は，剛性が大きいため，地盤変形が問題となる深い掘削や軟弱地盤に適している。

❸自立式土留め工法は，切梁や腹起し等の支保工を用いないで，主として掘削側の地盤の抵抗によって土留め壁を支持する工法である。

❼パイピングは，砂地盤の弱いところの土粒子が浸透流により流されて，水みちが形成され，最終的にはボイリング状の破壊に至る現象である。

2. 既製杭工法

要点整理

打込み杭工法で使用する杭打ち機の特徴

ディーゼルハンマ：打撃力が大きく，騒音・振動と油の飛散を伴う

ドロップハンマ：杭の重量以上のハンマを落下させて打ち込む

油 圧 ハ ン マ：ラムの落下高を任意に調整して杭打ち時の騒音を低減できる。
油の飛散もない

バイブロハンマ：振動機による振動と杭の重量によって，杭を地盤に打ち込む

打撃工法の施工

■ 群杭の場合，杭群の中央から周辺に向かって打ち進む。もしくは，杭群の一方の
端から他方の端へ打ち進む

■ 打撃工法は中掘り杭工法に比べて，施工時の騒音や振動が大きい

■ 打込みに際しては，試し打ちを行い，杭心位置や角度を確認した後に本打ちに移
るのがよい

■ 杭は原則として連続して打ち込む

中掘り杭工法の施工

■ 掘削は，既製杭の内部をアースオーガで掘削する

■ 掘削中は，先端地盤の緩みを最小限に抑えるため，原則として過大な先掘りは行
わない

■ 掘削中は，原則として杭径程度以上の拡大掘りは行わない

■ 中掘り杭工法の先端処理は，最終打撃方式，セメントミルク噴出攪拌方式，コン
クリート打設方式がある

2.1 既製杭工法とは

既製杭工法は，工場製品の杭（コンクリート杭，PC杭，鋼杭など）を運搬して打ち込む工法であり，打込み杭工法と埋込み杭工法に分類される。

2.2 打込み杭工法

打込み杭工法は，打撃または振動によって杭を打ち込む工法で，打撃工法と振動工法（バイブロハンマ工法）に分けられる。

> **打撃工法**：**ディーゼルハンマ，ドロップハンマ，油圧ハンマ**などにより既製杭を所定の深さまで打ち込む工法。杭打ち作業に用いたハンマの条件や，杭の貫入量，リバウンド長を測定することで**支持力が推定**できる
> **振動工法**：**バイブロハンマ**を用いて鋼管杭を所定の深さまで打ち込む工法

2.2.1 杭打ち機の種類と特徴 ★★★

打込み杭工法で使用する杭打ち機の種類と特徴は表のとおり。

杭打ち機の種類	特徴
ディーゼルハンマ	・ラム（打撃用おもり）の落下で空気が圧縮され，そこへ燃料を噴射し爆発させて打撃力を生成する ・打撃力が大きいが，騒音・振動と油の飛散を伴うため，近年では使用実績が少ない
ドロップハンマ	・ハンマは鋳鋼または鋳鉄製で重心が低く，下面は凹凸のない平面で杭軸と直接当たるものを使用する ・ハンマの重量は杭の重量以上，または杭1mあたりの重量の10倍以上にする ・ハンマの重量が異なっても落下高さを変えることで，同じ打撃力を得ることができる
油圧ハンマ	・ラムの落下高を任意に調整することで，打撃力の調節と騒音の低減ができる ・防音構造であり，杭打ち時の騒音を低減できる。また，油煙の飛散がないため，低公害型ハンマとして使用頻度が高い
バイブロハンマ	・振動機による振動と杭の重量によって，杭を地盤に打ち込む

2.2.2 打込み杭工法（打撃工法）の施工 ★★☆

おもに打撃工法における杭の打込み時の留意事項は，次のとおり。

Check!!

- 打込み杭工法の打込みに際しては，**試し打ち**を行い，杭心位置や角度を確認した後に本打ちに移る
- 杭は原則として**連続して**打ち込む
- 群杭（図）の場合は，杭群の**一方の端から他方の端へ**打ち込んでいくか，杭群の**中央から周辺に**向かって打ち進む

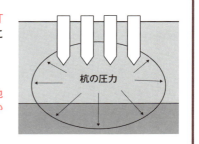

2.3 埋込み杭工法

埋込み杭工法は**打撃・振動を減らす**工法で，❶中掘り杭工法，❷プレボーリング杭工法などがある。打込み杭工法に比べると，**支持力は低下**する。

❶ 中掘り杭工法 ★★★

先端開放の既製杭の内部に，スパイラルオーガ（**アースオーガ**）などを通して**地盤を掘削しながら杭を沈設**したのち，所定の支持力が得られるように**先端処理**を行う工法。

【施工手順】
① 先端開放の杭を建て込み，オーガを通す
②③ 掘削しながら杭を圧入または回転によって沈設する
④ 支持層まで掘削・沈設する
⑤ オーガを引き抜く
⑥ 先端処理を行って杭を完成させる

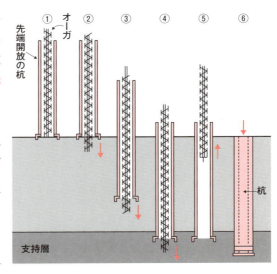

中掘り杭工法の施工時の留意事項は，次のとおり。

> **Check!!**
> - 掘削中は，原則として過大な先掘りは行わない
> - 掘削中は，原則として杭径程度以上の拡大掘りは行わない
> - 中掘り杭工法の先端処理は，最終打撃方式，セメントミルク噴出撹拌方式，コンクリート打設方式がある
> - 先端処理がセメントミルク噴出撹拌方式の場合，杭先端根固め部では，先掘りおよび拡大掘りを行う

❷ プレボーリング杭工法 ★★☆

掘削ビットとロッドを用いて掘削・泥土化した掘削孔内の地盤に，2種類のセメントミルク（根固め液，杭周固定液）を注入し，撹拌混合してソイルセメント状にしたのちに，既製杭を沈設し，ハンマーによって最終打撃を行う工法。

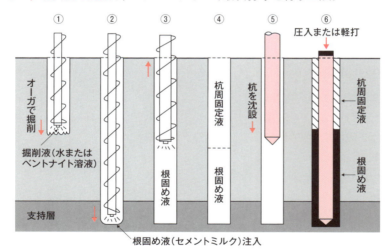

【施工手順】
① 掘削ビットの中心を杭心にセットし，掘削液をオーガビットの先端から吐出して掘削し孔内を泥土化する
② 支持層に達したら根固め用セメントミルク（根固め液）を注入する
③ オーガを引き上げる
④ 杭周囲固定用セメントミルク（杭周固定液）を注入し，撹拌混合してソイルセメント状にする
⑤ 杭を沈設する
⑥ ハンマーで圧入または軽打による最終打撃を行う

Level Up

埋込み杭工法には，そのほかにも鋼管ソイルセメント杭工法，回転杭工法，ジェット工法，圧入工法がある。圧入工法は，オイルジャッキ等を使用して杭を地中に圧入する工法である。

一問一答チャレンジ

❶	打撃工法は，既製杭の杭頭部をハンマで打撃して地盤に貫入させるものである。	◯
❷	打撃工法による群杭の打込みでは，杭群の周辺から中央部に向かって打ち進むのがよい。	✕
❸	打込み杭工法は，中掘り杭工法に比べて一般に施工時の騒音・振動が大きい。	◯
❹	ドロップハンマは，杭の重量以下のハンマを落下させて打ち込む。	✕
❺	中掘り杭工法は，あらかじめ地盤に孔をあけておき既製杭を挿入する。	✕
❻	中掘り杭工法の先端処理方法には，最終打撃方式とセメントミルク噴出攪拌方式がある。	◯
❼	プレボーリング工法は，既製杭の中をアースオーガで掘削しながら杭を貫入する。	✕

【解説】

❷杭群の中央から周辺に向かって打ち進む。もしくは，杭群の一方の端から他方の端へ打ち進む。

❹ハンマの重量は杭の重量以上，または杭1mあたりの重量の10倍以上にする。

❺中掘り杭工法では，既製杭の中をアースオーガ等で掘削しながら杭を貫入する。

❼プレボーリング工法では，掘削ビットおよびロッドにより，掘削液を注入しながら掘削・攪拌混合する。支持層まで到達したら，根固液および杭周固定液を注入して攪拌混合した後，既製杭を沈設する。

3. 場所打ち杭工法

要点整理

場所打ち杭工法の長所

- 振動・騒音が小さい
- 大口径の杭が施工できる
- 掘削土砂により中間層や支持層の土質を確認できる
- 現場で杭をつくるため，材料の運搬等が容易

場所打ち杭工法の種類と特徴

工法	オールケーシング工法	アースドリル工法	リバース工法	深礎工法
概要	杭全長にわたりケーシングチューブを揺動圧入しながら，ハンマグラブで掘削・排土する	掘削孔内に安定液を満たして孔壁に水圧をかけ，ドリリングバケットにより掘削・排土する	回転ビットで掘削した土砂を，ドリルパイプを介して自然泥水とともに吸上げ（逆循環）排土する	ライナープレートなどの山留め材によって，孔壁の土留めをしながら内部の土砂を掘削・排土する
掘削方式	ハンマグラブ	ドリリングバケット	回転ビット	人力等
孔壁の保護方法	ケーシングチューブ	表層ケーシング 安定液	スタンドパイプ 自然泥水	山留め材
付帯設備	—	安定液関係の設備（スラッシュタンク）	自然泥水関係の設備（スラッシュタンク）	やぐら バケット巻上げ用ウィンチ
地質全般	ほとんどの土質に可能	一般的に安定液を用いて掘削するため，被圧水位が地表面より高い場合は施工不可能	ドリルパイプの中を通らない石は施工不可能	軟弱地盤や地下水位が高い場合，また，有毒ガスの噴出や酸素欠乏のおそれがある場合の施工は困難

3.1 場所打ち杭工法とは

場所打ち杭工法は，現場において人力あるいは機械によって掘削した孔の中に，鉄筋コンクリート杭体を築造する工法である。

3.1.1 場所打ち杭工法の長所・短所 ★★★

場所打ち杭工法の長所・短所は表のとおり。

長所	短所
・振動・騒音が小さい ・大口径の杭が施工できる ・掘削土砂により中間層や支持層の土質を確認できる ・現場で杭をつくるため，材料の運搬等の取扱いが容易	・施工管理が打込み杭工法に比べて難しい ・泥水・排土処理が必要 ・小径の杭の施工が困難

3.2 場所打ち杭工法の種類

場所打ち杭工法には，機械掘削の❶オールケーシング工法，❷アースドリル工法，❸リバースサーキュレーション工法（リバース工法）と，人力掘削（機械掘削を併用する場合もある）の❹深礎工法などがある。

❶ オールケーシング工法 ★★★

土中にケーシングチューブを揺動圧入して，ハンマグラブで掘削・排土する工法。

掘削孔全長にわたるケーシングチューブと孔内水によって孔壁や孔底を保護する。

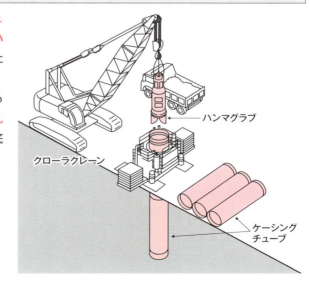

113

❷ アースドリル工法　★★★

　長さ2〜4mの表層ケーシングチューブを建て込み, 以深はベントナイト（粘土鉱物）または CMC（カルボキシメチルセルロース）を主材料とする安定液によって形成されるマッドケーキと, 地下水との比重の差による相互作用で孔壁を安定させ, ドリリングバケットにより掘削・排土する工法。

　安定液水位を地下水位以上に保ち, 孔壁に水圧をかけて崩壊を防ぐ。

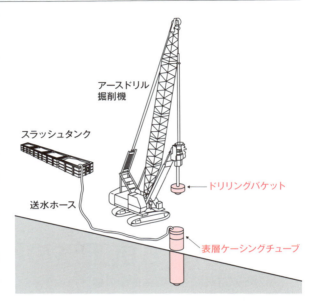

❸ リバースサーキュレーション工法 (リバース工法)　★★★

　スタンドパイプを建て込み, 孔内水位を地下水位より2m以上高く保持し, 孔壁に水圧をかけて崩壊を防ぎながら, 回転ビットで掘削した土砂を, ドリルパイプを介して泥水とともに吸い上げ排出する工法。

　大量の泥水を循環させるため, スラッシュタンクを組み合わせた掘削残土処理施設を設置する。

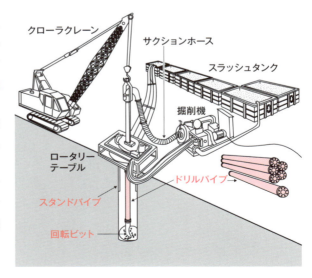

❹ 深礎工法 ★★★

ライナープレート，波形鉄板とリング枠，モルタルライニング，吹付けコンクリート等の**山留め材**により，孔壁の土留めをしながら内部の土砂を掘削・排土する工法。

掘削方法には，簡易やぐらを設置して人力掘削する方法（図）と，クラムシェル型バケットや**削岩機**等を使用する機械掘削方式がある。支持地盤を**直接確認**できる。

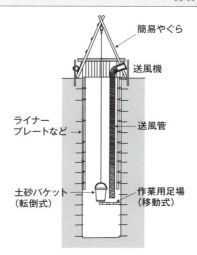

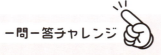

❶	場所打ち杭工法は，施工時における騒音と振動は，打撃工法に比べて大きい。	×
❷	オールケーシング工法は，ケーシングチューブを土中に挿入して，ケーシングチューブ内の土を掘削する。	○
❸	アースドリル工法で用いるおもな資機材は，ケーシング，ドリリングバケット等である。	○
❹	リバースサーキュレーション工法の孔壁保護は，孔内水位を地下水位より低く保持して行う。	×
❺	深礎工法で用いるおもな資機材は，削岩機，土留め材（ライナープレートなど）である。	○

【解説】
❶場所打ち杭工法の施工時における騒音と振動は，既製杭の打撃工法に比べて**小さい**。
❹リバースサーキュレーション工法では，孔内水位を**地下水位より2m以上高く保持**し，孔壁に水圧をかけて崩壊を防ぐ。

115

第4章 専門土木

　土木工事とは，道路や橋，堤防，鉄道などのインフラ構造物をつくる工事のことです。ここまでは，すべての土木工事に共通する土工・コンクリート工・基礎工について解説してきましたが，本章では道路舗装や河川，港湾，鉄道といった，より専門的な土木工事について学んでいきましょう。

専門土木のキソ知識	118
専門土木分野の出題傾向	120
1. 構造物	123
2. 河川	134
3. 砂防・地すべり	140
4. 道路舗装	145
5. ダム・トンネル	155
6. 海岸・港湾	163
7. 鉄道・地下構造物	170
8. 上水道・下水道	179

勉強を始める前におさえておきたい

専門土木のキソ知識

専門土木で出題される土木構造物について紹介します。

● 鋼道路橋（構造物）

橋は，谷や川を渡るため丸太や倒木を渡したことから始まり，石や木を組み合わせた橋，鉄やコンクリートの橋へと変化してきた。近年では，鋼材を使用した鋼道路橋が主流である。

● 河川・砂防

台風や集中豪雨などにより，河川の洪水や土砂災害が起こることがある。このような災害を未然に防ぎ，被害を最小限に抑えるためにつくられるのが，河川堤防や砂防えん堤（写真）である。

● 道路舗装

道路舗装は，自動車が安全・快適に走行できるように，道路の表面を平らで丈夫に保つ役割を担っている。舗装は交通荷重などによって破損するため，補修工事も大切である。

● ダム

ダムは，川の流れをせき止め，水を貯めるための構造物で，治水（洪水調節）や利水，発電の目的でつくられる。自然のなかに巨大人工物があるさまに，建造物としての魅力も感じる人も多い。

写真提供：（公社）とやま観光推進機構

● トンネル

トンネルの建設には，地山などを掘削し内部空間を保ちながら構築する山岳トンネル工法がおもに用いられる。日本で一番長い山岳トンネルは，群馬県と新潟県の県境にある関越トンネルである。

写真提供：安藤ハザマ（ウェブサイト）

● 海岸・港湾

日本は度重なる台風や地震などの自然災害によって多くの被害を被ってきた。その経験から，防災施策は常に進化し，より安全な暮らしのための海岸施設（写真）や港湾施設がつくられている。

● 鉄道・地下構造物

地下鉄などの地下構造物をつくるシールド工法は，19世紀の半ばテムズ川の横断で初めて施工され，日本では関門海峡トンネルで本格的に実用化された都市トンネルの主要な工法である。

写真提供：鉄高組

● 上水道・下水道

水道水をそのまま飲める国は，日本を含めわずか11か国（2022年現在）であり，日本の水道の品質は国外からも高く評価されている。

下水道の普及率は全国で約80％を誇り，富栄養化の原因となる窒素やリンなどを取り除く高度処理が行われ，よりよい水環境が保たれている。

どれも人々の暮らしに欠かせないものだね！

専門土木分野の出題傾向

専門土木分野は，20問のうちから6問を選んで解答する選択問題です。「構造物」「河川」「砂防・地すべり」「道路舗装」「ダム・トンネル」「海岸・港湾」「鉄道・地下構造物」「上水道・下水道」といった幅広い内容から出題されますが，必要解答数は6問と少ないので，すべてを勉強する必要はありません。

出題頻度の高い項目は毎年繰り返し出題される傾向があるので，8項目のなかから2～3つに絞って勉強するとよいでしょう。

> 専門土木の必要解答数は20問中6問！
> 「道路舗装」(4問)と「海岸・港湾」(2問)というように
> あらかじめ項目を絞って勉強しよう

【過去15回の出題内容】※表中の数字は試験に出題されたときの問題番号です。

1. 構造物 … 3問

No.	出題項目分類	R6後	R6前	R5後	R5前	R4後	R4前	R3後	R3前	R2後	R2前	R元後	R元前	H30後	H30前	H29後	H29前
1.1	鋼材の種類と性質	17	17	12	12	12		12	12	12			12	12	12	12	12
1.2	鋼材の溶接接合				13		12					12			13		
1.3	鋼材のボルト接合		18				13		13				13		13		
1.4	鋼道路橋の架設工法	18		13		13		13		13		13		13			13
1.5	コンクリート構造物の劣化機構	19	19	14	14	14	14	14	14			14	14	14	14	14	14

- 鋼構造物における鋼材の種類や性質
- 鋼材の溶接接合・ボルト接合時の留意事項，鋼道路橋の架設工法
- コンクリート構造物におけるコンクリートの劣化機構とその要因，耐久性向上対策

2. 河川 … 2問

No.	出題項目分類		R6後	R6前	R5後	R5前	R4後	R4前	R3後	R3前	R2後	R2前	R元後	R元前	H30後	H30前	H29後	H29前
2.1	河川堤防	河川に関する用語	20		15		15			15	15			15				
		堤体材料の望ましい条件						15								15		
		河川堤防の施工		20		15			15				15	15			15	15
2.2	河川護岸		21	21	16	16	16	16	16	16			16	16	16	16	16	16

- 河川の各部名称，堤体材料の条件，河川堤防の施工
- 河川護岸の種類と特徴

3. 砂防・地すべり … 2問

No.	出題項目分類		R6 後	R6 前	R5 後	R5 前	R4 後	R4 前	R3 後	R3 前	R2 後	R2 前	R元 後	R元 前	H30 後	H30 前	H29 後	H29 前
3.1	砂防えん堤	砂防えん堤の構造と名称		22	17	17	17	17	17		17			17	17		17	17	17
		砂防えん堤の施工順序	22							17					17				
3.2	地すべり防止工		23	23	18	18	18	18	18	18	18	18			18	18	18	18	18

- 砂防えん堤の各部名称と機能
- 地すべり防止工の種類と特徴

4. 道路舗装 … 4問

No.	出題項目分類		R6 後	R6 前	R5 後	R5 前	R4 後	R4 前	R3 後	R3 前	R2 後	R2 前	R元 後	R元 前	H30 後	H30 前	H29 後	H29 前
4.1	アスファルト舗装	路床・路盤の施工	24	24	19	19	19	19	19	19			19	19	19	19		
		表層・基層の施工	25	25	20	20	20	20	20	20			20	20	20	20	19 20	20 21
		補修	26	26	21	21	21	21	21	21			21	21	21	21	21	19
4.2	コンクリート舗装		27	27	22	22	22	22	22	22			22	22	22	22	22	22

- アスファルト舗装の路床・路盤施工時の留意事項
- アスファルト舗装の表層・基層施工時の留意事項
- アスファルト舗装の破損の種類・補修工法
- コンクリート舗装施工時の留意事項

5. ダム・トンネル … 2問

No.	出題項目分類		R6 後	R6 前	R5 後	R5 前	R4 後	R4 前	R3 後	R3 前	R2 後	R2 前	R元 後	R元 前	H30 後	H30 前	H29 後	H29 前
5.1	ダム		28	28	23	23	23	23	23	23			23	23	23	23	23	23
5.2	トンネル	掘削	29		24		24		24					24					
		支保工				24				24			24		24	24			
		覆工		29				24									24		
		観察・計測											24						

- ダムの施工全般, コンクリートダムの施工（RCD工法等）
- トンネル山岳工法における掘削・支保工・覆工コンクリート施工時の留意事項

121

6. 海岸・港湾 … 2問

No.		出題項目分類	R6 後	R6 前	R5 後	R5 前	R4 後	R4 前	R3 後	R3 前	R2 後	R2 前	R元 後	R元 前	H30 後	H30 前	H29 後	H29 前
6.1	海岸堤防	海岸堤防の形式			25				25	25								
		傾斜型海岸堤防の構造	30				25			25					25		25	
		消波工		30		25		25					25	25		25		25
6.2	港湾施設	防波堤の形式																26
		ケーソン式混成堤の施工	31		26		26		26	26	26		26			26	26	
		浚渫船の施工		31		26		26					26	26				

- 海岸堤防の形式・構造、異形コンクリートブロック（消波工）
- ケーソン式混成堤施工時の留意事項、グラブ浚渫船の施工

7. 鉄道・地下構造物 … 3問

No.		出題項目分類	R6 後	R6 前	R5 後	R5 前	R4 後	R4 前	R3 後	R3 前	R2 後	R2 前	R元 後	R元 前	H30 後	H30 前	H29 後	H29 前
7.1	鉄道	軌道		32		27		27	27	27			27	27	27		27	
		軌道の用語	32		27		27		28		27					27		27
		営業線近接工事	33	33	28	28	28	28		28			28	28	28	28	28	28
7.2		シールド工法	34	34	29	29	29	29	29	29	29		29	29	29	29	29	29

- 軌道の構造、道床・路盤の施工、軌道の用語
- 営業線路内および営業線近接工事の保安対策、工事従事者名と任務
- シールド工法の種類と施工、シールドの各部名称と役割

8. 上水道・下水道 … 2問

No.		出題項目分類	R6 後	R6 前	R5 後	R5 前	R4 後	R4 前	R3 後	R3 前	R2 後	R2 前	R元 後	R元 前	H30 後	H30 前	H29 後	H29 前
8.1	上水道	配水管の種類	35		30				30	30				30		30		
		上水道の管布設工		35		30	30	30					30		30		30	30
8.2	下水道	剛性管きょの地盤区分と基礎工の種類	36		31			31	31		31					31		
		管きょの接合方式					31	31					31	31	31		31	31
		管きょの更生工法		36						31								

- 上水道配水管の種類と特徴、管布設工
- 下水道管きょの基礎、接合方式、更生工法

6.1.2 傾斜型海岸堤防の構造 ★★☆

傾斜型海岸堤防の構造と各部名称は次のとおり。

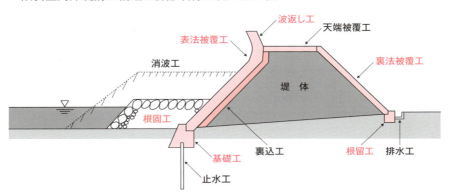

堤体：堤防の内部。盛土でつくられる
基礎工：堤体の表法被覆工を支えるコンクリート構造物
止水工：堤体の土砂の吸出し（水によって流れること）や円弧すべりを防止する
根固工：波浪による洗掘を防止し，堤体の沈下や屈とう，崩壊を防ぐために堤体の前面に投入する捨石あるいはコンクリート・ブロック
消波工：波の打ち上げ高さを抑え，越波を防止あるいは低減する（詳細は次節参照）

表法被覆工：波浪による浸食から堤体前面を保護するため鉄筋コンクリートでつくられる。越波を抑えるため，頂部に波返し工を設ける
天端被覆工：越波や打ち上げによる水塊の圧力や浸食から堤体を防護する
裏法被覆工：堤体背面を降雨や越波による水の浸食から守る
根留工：裏法被覆工の基礎工の役割をする
排水工：越波，しぶき，雨水などを速やかに堤体から排水する

6.1.3 消波工 ★★★

消波工には**異形コンクリートブロック**（図）がよく使われる。ブロックとブロックの間を波が通過することにより，波のエネルギーを減少させることができる。異形コンクリートブロックは，**海岸の浸食対策**にも用いられる。

異形コンクリートブロックの積み方・並べ方には，**層積み**と**乱積み**の２種類がある。よくかみ合わせた場合には，空隙率や消波効果に大差はないが，層積みの方が整って見える。それぞれの特徴は次のとおり。

Check!!

層積み

- 規則正しく配列する積み方で整然と並び，外観が美しく，**安定性がよい**
- 乱積みに比べ**手間と時間**がかかる。特に，**海岸線の曲線部**や**消波工の端部等**の施工性は**悪い**
- 捨石均し面に凹凸があると据付けの支障となる

乱積み

- 層積みに比べ**施工が容易**であり，施工時間の優位さなどから多く採用されている
- 荒天時の高波を受けるたびに沈下し，**徐々に**ブロックどうしのかみ合わせがよくなり**安定する**

6.2 港湾施設

港湾とは，自然の地形または人工構造物によって外海と隔てられた水域である。船が安全に航行できるように，防波堤などの港湾施設を建設する港湾工事においては，波や潮の流れなど，陸上と異なる施工条件がある。

6.2.1 防波堤の形式 ･･････････････････････････････ ★☆☆

防波堤は，**傾斜堤・直立堤・混成堤**に分けられる。

傾斜堤	直立堤	混成堤
割り石，コンクリートブロック	堤体	直立部　捨石
・**水深の比較的浅い**，小規模な防波堤として用いられる ・広い底面幅が必要であるが，**海岸地盤の凹凸に関係なく施工でき**，波の反射は小さい	・**地盤が堅固**で，波による洗掘のおそれのない場所に用いられる ・傾斜堤に比べ使用材料は少ないが，波の反射は大きい	・傾斜堤と直立堤の特徴を兼ね備え，経済的 ・**水深の深い場所**や**軟弱地盤の場所**に用いられる

6.2.2 ケーソン式混成堤の施工 ★★★

ケーソンは，鉄筋コンクリートでつくった箱型や円筒形の構造物で，防波堤や護岸の本体として用いられる。ケーソン式混成堤は，水深と波が比較的大きい場所で，現場施工を比較的短期間で行うのに適している。

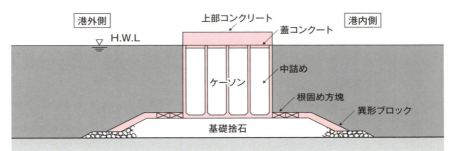

ケーソン式混成堤の施工手順と留意事項は次のとおり。

❶ 基礎捨石工
- 5～500kg/個程度の割石などを海中に投入してケーソンの基礎とする
- 直立部の荷重を分散し，地盤の洗掘を防止する目的で行う

❷ ケーソン本体工

❶ 製作・進水：ケーソンの隔壁には，水位を調整しやすいように通水孔を設ける

❷ 仮　置　き：えい航（船舶が他の船舶を引っ張って航行すること）直後の据付けが困難な場合には，波浪のない安定した時期まで沈設して仮置きする

❸ え　い　航：波の静かなときを選んで実施する／一般に，ケーソンにワイヤをかけて引き船により据付け場所までえい航する／海面がつねにおだやかで大型起重機船が使用できるなら，進水したケーソンを据付け場所までえい航して据え付けることができる

❹ 据　付　け：ケーソンを据付け位置の海上面に係留する→ケーソン内に注水して捨石マウンドに接触する10～20cm手前まで沈設する（一次注水作業）→潜水士によって据付け位置を微調整する→ケーソンの天端まで注水して据え付ける（二次注水作業）

❺ 中　詰　め：据付け後，直ちにケーソン内部に定められた材料で中詰めを行ってケーソンの質量を増し，安定性を高める／中詰め材は，一般にガット船により海上運搬し投入する／中詰め材には，土砂，割り石，コンクリート，プレパックドコンクリートなどを使用する

❻ 蓋コンクリート：中詰め後，波によって中詰め材が洗い出されないように，ケーソンの蓋となるコンクリートを打設する

❸ 根固め工

- ケーソン基礎部の洗掘・吸出しを防止するために，起重機船によって根固めブロックを据え付ける

❹ ケーソン上部工

- 上部工は，ケーソン本体と一体化するように，ケーソンの蓋の上にコンクリートを打設する

6.2.3 浚渫船の施工 ★★★

浚渫工事とは，水面下の土砂を掘って，その土砂を他の場所に運搬する工事のことをいう。

浚渫の目的や条件により，各種浚渫船が使われている。2級土木では，グラブバケットで海底の土砂をつかんで浚渫するグラブ浚渫船（図）の施工について出題されており，その特徴は次のとおり。

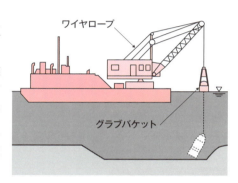

Check!!

- 中小規模の浚渫に適し，浚渫深度の制限がない。グラブバケットを替えることで広い土質範囲で使用でき，岸壁等の構造物前面の浚渫や狭い場所の浚渫も可能
- ポンプ浚渫船に比べて海底面を平たんに仕上げるのが難しい
- 自ら推進力を持ち，大型の泥艙を持つ自航式グラブ浚渫船と，推進力を持たない非航式グラブ浚渫船に分類される
- 非航式グラブ浚渫船では，グラブ浚渫船のほかに，引船，非自航土運船，自航揚錨船が一組となる船団を構成して施工を行う
- 計画した浚渫の範囲を一定した水深に仕上げるために余掘りが必要となる
- 浚渫後の出来形確認測量は音響測探機による

堤防と防波堤では次のような違いがあるよ！
堤防：海岸線に沿って高波や津波の侵入を防ぐ
防波堤：港湾付近で波を防いで船舶を守る

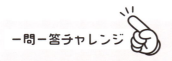

一問一答チャレンジ

❶	傾斜型の海岸堤防は，比較的軟弱な地盤で，堤体土砂が容易に得られない場合に適している。	×
❷	緩傾斜型の海岸堤防は，堤防用地が広く得られる場合や，海水浴場等に利用する場合に適している。	○
❸	図は傾斜型海岸堤防の構造を示したものであるが，（イ）は表法被覆工，（ロ）は根留工，（ハ）は基礎工である。	○
❹	層積みは，規則正しく配列する積み方で整然と並び，外観が美しく，安定性がよく，捨石均し面に凹凸があっても支障なく据え付けられる。	×
❺	ケーソンの底面が据付け面に近づいたら，注水を一時止め，潜水士によって正確な位置を決めたのち，ふたたび注水して正しく据え付ける。	○
❻	ケーソンの中詰め後は，波により中詰め材が洗い流されないように，ケーソンの蓋となるコンクリートを打設する。	○
❼	非航式グラブ浚渫船の標準的な船団は，グラブ浚渫船と土運船のみで構成される。	×

【解説】
❶傾斜型の海岸堤防は，基礎地盤が比較的軟弱な場合や，堤体土砂や堤防用地が容易に得られる場合等に適している。
❹層積みの基礎である捨石均し面に凹凸があると据付けの支障となる。
❼非航式グラブ浚渫船の浚渫作業は，グラブ浚渫船のほかに引船，非自航土運船，自航揚錨船が一組となる船団を構成して施工する。

169

7. 鉄道・地下構造物

要点整理

軌道の構造

■ 軌道は，列車等を走らせるための通路で，施工基面上に敷設されたレール，マクラギ，道床等の総称

■ マクラギは，軌間を一定に保持し，レールから伝達される列車荷重を広く道床以下に分散させるもの

■ 道床は，マクラギを保持し，列車荷重をマクラギから路盤に伝えるもの

■ 路盤は，軌道を支持するもので，軌道に対して弾性を与え，路床へ荷重を分散伝達するもの

■ 路床は，道床および路盤を支える下部構造体

営業線近接工事の保安体制

工事従事者／配置条件	工事管理者	軌道工事管理者	線閉責任者	軌道作業責任者	列車見張員	停電責任者
工事現場ごとに専任の者を配置	○（常時）	○（常時）			○	
その他			線閉閉鎖工事を施工する場合などに配置	作業集団ごとに専任の者を常時配置		き電停止工事を施工する場合に配置

シールドの構造

フード部：切羽の安定を保つために掘削土砂や泥水を満たしておく空間

ガーダー部：マシンを推進させるシールドジャッキを備える部分

テール部：コンクリート製や鋼製のセグメントを組み立てて覆工を行う部分

シールドの種類

土圧式シールド工法：カッターヘッドで地山を掘削し，カッターチャンバー内に掘削土砂を充満させることで，切羽の土圧と平衡を保ちながら，掘削土砂をスクリューコンベヤで排土する工法

泥水式シールド工法：掘削した土砂と物性の調整された泥水をチャンバー内でかくはん・泥水化し，流体輸送方式で地上に搬出する工法

7.1 鉄道

　鉄道は，さまざまな施設とそれを利用した列車の運行とが一体となったシステムである。鉄道においては，運行を続けながら施設を維持管理していかなければならないため，保守作業は列車の運行を行わない時間帯等に，運行列車に支障をきたさないよう実施する活線作業となる。

7.1.1 軌道

　軌道とは，列車等を走らせるための通路で，施工基面上に敷設されたレール，マクラギ，道床等の総称である。車両等の荷重をこれらの部品を介して路盤に伝え，荷重を分散させる役目を担っている。

❶ 軌道の構造　★★☆

軌道の各部名称と役割は次のとおり。

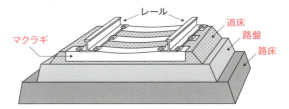

レール：鉄道車両の荷重を直接支持してマクラギに分散させるとともに，平滑な走行面を与え車両を誘導する帯状の鋼製品

マクラギ：レールを固定し軌間（線路幅）を一定に保持するとともに，レールから伝達される列車荷重を広く道床以下に分散させる

道床：マクラギを保持し，列車荷重をマクラギから路盤に伝える。砂利や砕石など（**道床バラスト**）を敷き込む

路盤：軌道を支持し，軌道に対して弾性を与え，路床へ荷重を分散伝達する。路盤の種類には，**砕石路盤**（次ページ）やスラグ路盤，土路盤がある

路床：道床および路盤を支える下部構造体

> **用語**
> **施工基面**
> 路盤の高さを示す基準面。FL と記載する

> **Level Up**
> 日本におけるレールの標準長さは25mであるが，軌道の欠点である継目をなくすために，溶接でつないでレールを 200m 以上としたものを**ロングレール**という。

❷ 砕石路盤

砕石路盤は，支持力が大きく，圧縮性が小さく，噴泥が生じにくい材料の単一層からなる構造とする。標準的なものは右図のとおり。2級では，次のような砕石路盤の特徴について出題されている。

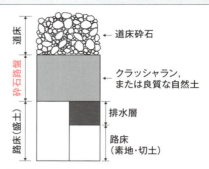

Check!!
- 砕石路盤は軌道を安全に支持し，路床へ荷重を分散伝達し，路床の軟弱化を防止し，有害な沈下や変形を生じない等の機能を有するものとする
- 砕石路盤では，締固めの施工がしやすく，外力に対して安定を保ち，かつ，有害な変形が生じないよう，圧縮性が小さい材料を用いる
- 施工は，材料の均質性や気象条件等を考慮して，所定の仕上り厚さ，締固めの程度が得られるように入念に行う
- 施工管理においては，路盤の層厚，平たん性，締固めの程度等が確保できるよう留意する

❸ 道床・路盤の施工

道床・路盤の施工に関する留意事項は次のとおり。

Check!!
- 道床に用いるバラスト用砕石には，強固で稜角(りょうかく)に富み，耐摩耗性に優れ，適度な粒度を持ち，敷設時の安息角が大きく，単位容積質量が大きく，吸水率が小さいものを選定し，施工にあたっては入念に締め固める
- 道床バラストを貯蔵する場合は，大小粒が分離ならびに異物が混入しないようにしなければならない
- 道床バラストに砕石が用いられる理由は，荷重の分布効果に優れ，マクラギの移動を抑える抵抗力が大きいためである
- 路盤は，十分強固で適当な弾性を有しなければならない

用語

安息角
石炭や土砂などを積み上げるとき，その山が安定を保てる傾斜角度

7.1.2 軌道の用語

よく出題される軌道に関する用語は次のとおり。

❶ 軌間 ★★☆

2本のレールをマクラギに一定の間隔で締結した状態での, **両側のレール頭部間の最短距離**。日本においてはレールが車輪に接触する位置より下方16㎜以内をいう。

❸ 建築限界 ★★☆

沿線建築物が車両の走行に支障をきたさないよう, 車両の外側にある程度の余裕を持って定める空間。つまり, **建造物等が入ってはならない空間**を示す。曲線区間における建築限界は, 車両の偏りに応じて**拡大**する。

❷ カント ★★☆

列車が曲線部を通過するときに生じる遠心力の影響を軽減するため, 曲線内側のレール面を規準として**曲線外側レールを高くする**こと。レールの高低差量を**カント量**という。

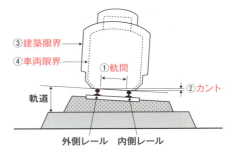

❹ 車両限界 ★☆☆

線路上を走行する**車両が必要とする空間**。つまり, 車両が越えてはならない空間を示す。

❺ スラック ★★☆

曲線部において列車の通過を円滑にするために, **軌間を拡大する量**のこと。

❻ 緩和曲線 ★★☆

レールの直線部と曲線部, または曲線間を**緩やかにつなぐ曲線**のこと。在来鉄道ではおもに3次曲線が用いられる。

❼ バラスト軌道 ★☆☆

道床バラスト上にマクラギに固定されたレールが置かれている軌道で, **有道床軌道**ともいう。**安価**で**施工・保守が容易**であるが**定期的な**軌道の**修正・修復**（保守作業）が必要である。

❽ スラブ軌道 ★☆☆

軌道の保守作業を軽減するため開発された構造で, **プレキャストのコンクリート版**を用いた軌道（右図）。**省力化軌道**ともいう。

路盤コンクリート

7.1.3 営業線近接工事

線路内および沿線での列車運行に影響を及ぼす範囲において行われる工事を**営業線近接工事**という。鉄道（在来線）の営業線路内・営業線近接工事における工事保安体制については、労働安全衛生法等の法令に加え、各鉄道事業者が定める「営業線工事保安関係標準仕様書（在来線）」（ここではJR東日本）を遵守する必要がある。

Level Up
営業線近接工事の施工内容によっては、線路閉鎖工事として行う必要がある。これは、工事・作業を行う区間への列車や車両の進入を防止するもので、建築限界内での工事や作業を行う場合などに行う。

❶ 保安対策 ★★★

営業線近接工事における保安対策についての頻出事項は次のとおり。

Check!!
- 重機械による作業は、列車の近接から通過の完了まで中断しなければならない
- 重機械の運転者は、重機械安全運転の講習会修了証の写しを添え、監督員等の承認を得る
- 工事場所が信号区間の場合、バール・スパナ・スチールテープ等の金属による短絡を防止する
- 営業線での安全確保のため、所要の防護柵を設け定期的に点検する
- 複線以上の路線での積みおろしの場合は、列車見張員を配置し、建築限界をおかさないように材料を置かなければならない
- 工事現場において事故発生により列車運行に支障するおそれが生じた場合は、直ちに列車防護の手配を取るとともに関係箇所へ連絡し、その指示を受ける

❷ 工事保安体制 ★★★

営業線近接工事における標準的な工事保安体制とそれぞれの役割を図表に示す。

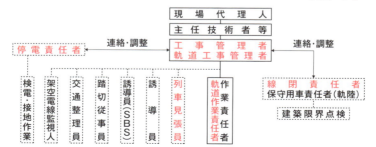

工事従事者 （ ）は工事区分		配置	資格等	任務
工事管理者 （軌道以外の工事）		・工事現場ごとに専任の者を常時配置 ・工事の内容および施工方法等，必要により複数配置	工事管理者（在来線）資格認定証を有する者	・工事施工の指揮，施工管理，列車等の運転保安および旅客公衆等への事故防止 ・工法，材料等の選択および要員等の配置計画
軌道工事管理者 （軌道工事）		・工事現場ごとに専任の者を常時配置 ・工事の内容および施工方法等，必要により複数配置	軌道工事管理者（在来線）資格認定証を有する者	・工事施工の指揮，施工管理，列車等の運転保安および旅客公衆等への事故防止 ・工法，材料等の選択および要員等の配置計画
線閉責任者 （軌道を含むすべての工事）		・線路閉鎖工事を施工する場合，道床バラスト走行散布等の場合，保守作業簿を施行する場合に配置	線閉責任者（在来線・一般）資格認定証を有する者	・線路閉鎖工事施工時において，工事または作業終了時における列車または車両の運転に対する支障の有無の工事管理者等への確認
軌道作業責任者 （軌道工事）		・作業集団ごとに専任の者を常時配置 ・工事の内容および施工方法等，必要により複数配置	軌道作業責任者（在来線）資格認定証を有する者	・工事施工の指揮および事故防止 ・列車退避の位置，合図方法の決定および作業員等に対する周知徹底
列車見張員 （軌道を含むすべての工事）		・工事現場ごとに専任の者を配置 ・必要により複数配置	列車見張員資格認定証を有する者	・指定された位置での列車等の進来・通過の監視 ・列車等が所定の位置に接近したとき，あらかじめ定められた方法により，工事管理者等および作業員等に対して列車接近の合図 ・信号炎管・合図灯・呼笛・時計・時刻表・緊急連絡表を携帯しなければならない
踏切従事員 （軌道を含むすべての工事）	**踏切監視員** （ロープ）	・工事に伴い踏切保安設備の機能の一部を一時停止する場合に配置	踏切監視員（ロープ）資格認定証を有する者	・列車等の監視 ・通行者等に対する保安設備の機能停止についての注意，列車接近の注意喚起，ロープ等による通行抑止
	踏切警備員	・保守用車等の仕様に伴って必要な場合に配置	列車見張員資格認定証を有する者	・保守用車等の監視 ・通行者等に対する保守用車等接近の注意喚起
停電責任者 （軌道を含むすべての工事）		・き電停止工事を施工する場合に配置	次のいずれかに該当する者 ①停電責任者（検電接地）資格認定証を有する者 ②停電責任者資格認定証を有する者（電気関係工事従事者）	・き電停止工事の責任者としての任務 ・検電接地装置を使用する際の装置の操作

175

7.2 シールド工法

　地下構造物を施工するトンネル工法には，山岳工法（P.159参照），シールド工法，開削工法（地表面から掘り下げる工法）がある。

　シールド工法は，シールドと呼ばれる掘削機械を用いて掘削を行いながら，シールドジャッキでセグメントに反力をとって推進する工法である。開削工法が困難な都市の下水道工事や地下鉄工事などで多く用いられている。

7.2.1 シールドの構造　★★★

　シールドは，地山を切削するカッターヘッドとシールド本体から成る。シールド本体はフード部・ガーダー部・テール部で構成され，それぞれの役割は次のとおり

> フ ー ド 部：切羽の安定を保つために掘削土砂や泥水を満たしておく
> ガーダー部：マシンを推進させるシールドジャッキを備える
> テ ー ル 部：コンクリート製や鋼製のセグメントを組み立てて覆工（ふっこう）を行う

　シールド内部でセグメントを組み立てることから，セグメント外径はシールドの掘削外径より小さくなり地山との間に空隙ができる。そのため，セグメント外周にモルタル等の裏込め注入を行い，セグメントの早期安定や漏水防止などを図る。

> **用語** 🔖
> **セグメント**
> シールド工法の一次覆工に使用される組立式の部材

> **用語** 🔖
> **覆工**
> 地山を直接支持し，所定の内空を保持するために行う。一次覆工と二次覆工がある

7.2.2 シールドの種類

　シールドは，前面の構造によって密閉型と開放型に大別される。密閉型は，フード部とガーダー部が隔壁で仕切られたもので，土圧式と泥水式に分けられる。開放型は切羽部分が開放されているシールドで，開放の具合から全面開放型と部分開放型に分けられる。現在は，作業環境等によりほぼ密閉型が使用されている。

> **用語** 🔖
> **隔壁**
> シールドの内部で，作業員が作業を行う部分と，土砂を溜める部分とを分ける鋼製の壁

❶ 土圧式シールド工法 ★★★

　土圧式シールド工法は，シールド前面のカッターヘッドで地山を掘削・かくはんし，**カッターチャンバー**と排土用の**スクリューコンベヤ**内に掘削した土砂を充満させ，**掘削土砂**と**切羽**（掘削した地山先端の素掘り部分）**の土圧**が平衡を保ちながら掘進する工法である。一般に**粘性土地盤**に適用される。

　また，掘削土を泥土化させるために，添加剤の注入装置がついているものを泥土圧シールドといい，砂・シルトをはじめ土質の適用範囲が広い。

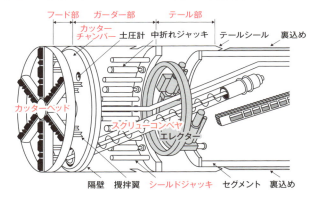

❷ 泥水式シールド工法 ★★★

　泥水式シールド工法は，**物性の調整された泥水**を切羽に送り，切羽に作用する土圧および水圧より高めの**泥水圧**をかけて切羽の安定を図る工法である。カッターヘッドで掘削した土砂と物性の調整された泥水はカッターチャンバー内でかくはん・泥水化し，ポンプと排泥管により地上にある土砂と泥水を分離する泥水処理プラントまで**流体輸送**する。安全性が高く，坑内作業環境がよい工法であるが，掘削土砂中の**礫の大きさは制限される**。

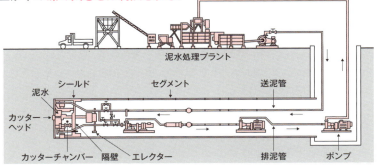

177

一問一答チャレンジ

❶	道床バラストに砕石が用いられる理由は，荷重の分布効果に優れ，マクラギの移動を抑える抵抗力が大きいためである。	○
❷	スラックとは，曲線部において列車の通過を円滑にするために軌間を縮小する量のことである。	×
❸	建築限界は，車両限界の外側に最小限必要な余裕空間を確保したものである。	○
❹	軌道作業責任者は，工事現場ごとに専任の者を配置しなければならない。	×
❺	複線以上の路線での積みおろしの場合は，列車見張員を配置し，車両限界をおかさないように材料を置かなければならない。	×
❻	線閉責任者は，工事または作業終了時における列車または車両の運転に対する支障の有無の工事管理者等などへの確認を行う。	○
❼	セグメントの外径は，シールドの掘削外径よりも小さくなる。	○
❽	シールド工法に使用される機械は，フード部，ガーダー部，テール部からなる。	○
❾	泥水式シールド工法は，掘削した土砂に添加材を注入して強制的に攪拌し，流体輸送方式によって地上に搬出する工法である。	×

【解説】

❷スラックとは，曲線部において軌間を拡大する量のことである。

❹軌道作業責任者は，作業集団ごとに専任の者を常時配置しなければならない。

❺複線以上の線路での積みおろしの場合は，建築限界をおかさないように材料を置かなければならない。

❾泥水式シールド工法では，掘削した土砂と物性の調整された泥水をチャンバー内でかくはん・泥水化する。

8. 上水道・下水道

要点整理

上水道の管布設工

- 管の切断は管軸に対して直角に行う
- 直管の鋳鉄管の切断は切断機で行う。異形管は切断しない
- 鋼管の据付けは，管体保護のため基礎に良質の砂を敷き均して行う
- 管の布設にあたっては，原則として低所から高所に向けて行い，受口のある管は受口を高所に向けて配管する
- ダクタイル鋳鉄管は，表示記号の管径，年号の記号を上に向けて据え付ける

下水道管きょの基礎と地盤の組合せ

基礎 ＼ 地盤	硬質土 （硬質粘土，礫混じり土及び礫混じり砂）	普通土 （砂，ローム及び砂質粘土）	軟弱土 （シルト及び有機質土）	極軟弱土 （非常に緩いシルト及び有機質土）
砂基礎	●←―――――――――――→			
砕石基礎	●←―――――――――――→			
コンクリート基礎	←――――――――― ● ―→			
鉄筋コンクリート基礎				←――→
はしご胴木基礎			←― ● ―――――→	
鳥居基礎				←――→

●はなかでもよく適している土質

179

8.1 上水道

水道は人間生活における重要なライフラインである。水源から取水した原水を浄水所まで導水して浄化し，浄化した水を各施設や家庭まで送水・配水する一連の施設を上水道施設という。

8.1.1 配水管の種類

浄水された水道水を各所に運ぶ配水管は，内圧・外圧に耐えられる強度が必要である。配水管の管種と特徴は次のとおり。

管種（継手）	長所	短所
ダクタイル鋳鉄管 （メカニカル継手，いんろう継手）	・強度が大きく，耐久性・耐食性がある ・じん性（材料の粘り強さ）に富み，衝撃に強い ・メカニカル継手は伸縮可とう性があり，地震時の地盤の変動に追従できる ・施工性がよい	・重量が比較的重い ・継手によっては，異形管防護が必要 ・管の加工がしにくい
鋼管 （溶接継手，ネジ式継手）	・強度が大きく，耐久性がある ・じん性に富み，衝撃に強い ・溶接継手で管と一体化して地盤の変動に対応できる ・加工性がよい	・温度変化による伸縮を吸収する伸縮継手などが必要 ・外面を損傷すると，腐食しやすい ・電食（一般に錆びること）の対策が必要 ・溶接継手の施工には時間がかかり，熟練が必要
ステンレス鋼管 （溶接継手，ゴム輪型継手）	・強度が大きく，じん性に富み，衝撃に強い ・耐食性に優れ，ライニングや塗装を必要としない	・溶接継手の施工に時間がかかる ・異種金属との絶縁処理が必要
硬質ポリ塩化ビニル管 （溶接継手，ゴム輪型継手）	・耐食性や耐電食性に優れている ・軽量で施工性がよい ・加工性がよい	・低温時に耐衝撃性が低下 ・有機溶剤，熱，紫外線に弱い ・異形管防護が必要
水道用 ポリエチレン管 （融着継手）	・耐食性に優れている ・軽量で施工性がよい	・熱，紫外線に弱い ・有機溶剤による劣化への配慮が必要 ・融着継手では，雨天時や湧水地盤での施工が困難

180

用語

可とう性
物質が外力によって，しなやか
にたわむ性質

用語

ライニング
腐食・摩耗などを防ぐために用
途に適した材料を張り付けること

用語

異形管防護
曲管部やＴ字管部などの異形管部に不平均力（水圧によって管を動か
そうとする力）が働くことを防ぐための対策

8.1.2 上水道の管布設工 ★★★

上水道の管布設工の施工手順と留意事項は次のとおり。

❶ 運搬・切断

- 鋼管の運搬にあたっては，管端の非塗装部分に当て材を介して支持する
- 管のつり下ろしで，土留め用切梁を一時取り外す場合は，必ず適切な補強を施す
- 塩化ビニル管は，なるべく風通しのよい直射日光の当たらない場所で保管する
- 管の切断は管軸に対して直角に行う
- 直管の鋳鉄管の切断は切断機で行う。異形管は切断しない

❷ 据付け

- 管の据付けに先立ち，十分管体検査を行い，亀裂その他の欠陥がないことを確認する
- 鋼管の据付けは，管体保護のため基礎に良質の砂を敷き均して行う
- 管の布設にあたっては，原則として低所から高所に向けて行い，受口のある管は受口を高所に向けて配管する
- ダクタイル鋳鉄管は，表示記号の管径，年号の記号を上に向けて据え付ける
- 1日の布設作業完了後は，管内に土砂・汚水等が流入しないよう木蓋等で管端部をふさぐ

❸ 埋戻し

- 埋戻しは片埋めにならないように敷き均して，現地盤と同程度以上の密度になるよう締め固める

8.2 下水道

下水道は，汚水の排除や公共用水域の水質保全等を目的とする施設であり，人が社会の中で快適に生活するうえで重要なものである。

8.2.1 下水道管きょの基礎工 ★★★

下水道管きょの基礎工は，管きょの種類や土質条件によって定めるが，経済性も考慮して適切なものを選定する。剛性管きょ（剛性を持ち外圧に強い管）における基礎と地盤条件の組合せは次のとおりである。

砂基礎	砕石基礎	コンクリート基礎
地盤：硬質土, 普通土, 軟弱土	地盤：硬質土, 普通土, 軟弱土	地盤：硬質土, 普通土, 軟弱土
比較的地盤が良好な場所に採用する。工事費が安価	比較的地盤が良好な場所に採用する	地盤が軟弱な場合や管きょに働く外圧が大きい場合に採用する
鉄筋コンクリート基礎	はしご胴木基礎	鳥居基礎（くい打ち基礎）
地盤：極軟弱土	地盤：軟弱土, 極軟弱土	地盤：極軟弱土
地盤が軟弱な場合や管きょに働く外圧が大きい場合に採用する	まくらぎの下部に縦木を設置してはしご状にした基礎。地盤が軟弱な場合や土質が不均質な場合に用いる	はしご胴木の下部をくいで支える構造。ほとんど地耐力を期待できない場合に用いる

地盤	代表的な土質
硬質土	硬質粘土, 礫混じり土及び礫混じり砂
普通土	砂, ローム及び砂質粘土
軟弱土	シルト及び有機質土
極軟弱土	非常に緩いシルト及び有機質土

地盤ではなく土質と基礎の組合せで出題されることもあるので左表も覚えよう！

8.2.2 下水道管きょの接合方法 ·············· ★★☆

下水道の管きょの接合方法には，表のような6種類がある。管きょの径が変化する場合や，2本の管きょが合流する場合は，水面接合または管頂接合が望ましい。また，地表勾配が急な場合には，段差接合または階段接合とする。

接合形式	特徴	
水面接合	水面の高さを接合部で一致させる方式。最も流れが合理的な方法である	
管頂接合	管きょ内面の管頂部の高さを一致させて接続する方式。下流が下り勾配の地形に適し，下流ほど深い掘削が必要となり工事費が割高になる場合がある	
管底接合	管きょ内面の管底部の高さを一致させて接続する方式。上流が上がり勾配の地形に適し，ポンプ排水の場合は有利である。接合部の上流側の水位が高くなり，圧力管となるおそれがある	
管中心接合	管きょの中心を接合部で一致させる方法。接合部の上流側の水位が高くなり，水の流れが悪くなる場合がある	
断差接合	急な勾配の地形などでマンホールの間隔等を考慮しながら，階段状に接続する方式	
階段接合	急な勾配の地形での現場打ちコンクリート構造の管きょなどの接続に用いられる	

183

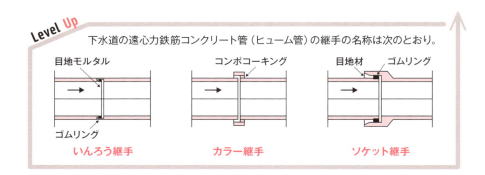

8.2.3 下水道管きょの更生工法

更生工法とは，既設管きょが破損やクラックなどによって構造や機能が保てなくなった場合に，既設管きょの内面に新管を構築する工法である。

更生工法	特徴
形成工法	硬化性樹脂を含浸させた材料や熱可塑性樹脂で成形した材料をマンホールから既成管きょ内に引き込み，空気圧等で拡張・圧着させた後に硬化や冷却固化することで管を構築する
製管工法	既設管きょ内に表面部材となる硬質ポリ塩化ビニル樹脂材等をかん合して製管し，既設管きょとの間隙にモルタル等の充填材を注入することで管を構築する
さや管工法	既設管きょよりも小さな管径の二次製品の管きょを牽引・挿入し，既設管きょとの間隙にモルタル等の充填材を注入することで管を構築する
反転工法	熱で硬化する樹脂を含浸させた繊維をマンホールから既設管きょ内に反転加圧しながら挿入し，加圧状態のまま樹脂を硬化させることで管を構築する

出題頻度は低いけれど
1級の頻出問題なので覚えておいて損はないよ

一問一答チャレンジ

❶	鋼管の継手の溶接は，時間がかかり，雨天時には溶接に注意しなければならない。	◯
❷	ダクタイル鋳鉄管のメカニカル継手は，地震の変動への適応が困難である。	✕
❸	硬質ポリ塩化ビニル管は，耐腐食性や耐電食性にすぐれ，質量が小さく加工性がよい。	◯
❹	管の布設は，原則として低所から高所に向けて行う。	◯
❺	鋼管の据付けは，管体保護のため基礎に砕石を敷き均して行う。	✕
❻	非常に緩いシルト及び有機質土の極軟弱土の地盤では，砕石基礎が用いられる。	✕
❼	礫混じり土及び礫混じり砂の硬質土の地盤では，砂基礎が用いられる。	◯
❽	シルト及び有機質土の地盤では，はしご胴木基礎が用いられる。	◯
❾	水面接合は，管きょの中心を接合部で一致させる方式である。	✕
❿	管頂接合は，流水は円滑であるが，下流ほど深い掘削が必要となる。	◯

【解説】

❷ダクタイル鋳鉄管のメカニカル継手は，伸縮性や可とう性があり，管が地震時の地盤の変動に追従できる。

❺鋼管の据付けは，管体を支持する基礎に良質の砂を敷き均して行う。

❻極軟弱土の地盤では，はしご胴木基礎，鳥居基礎，鉄筋コンクリート基礎が用いられる。

❾水面の高さを接合部で一致させる方式である。

第5章

法　規

　建設工事の品質・安全・環境などを保つため，事業者には，法規遵守（コンプライアンス）義務があります。建設工事の現場においては，発注者から直接工事を受注した建設業者の現場責任者が中心となって，法規上のルールを守りつつ施工を進めなくてはなりません。このため，施工管理技士は，建設工事の施工管理に必要となる法規の知識を身につけておく必要があります。本章では，2級土木施工管理技工補が知っておくべき法規の特徴・ポイントをおさえましょう。

法律のキソ知識	188
法規分野の出題傾向	190
1. 労働基準法	193
2. 労働安全衛生法	201
3. 建設業法	205
4. 道路関係法	214
5. 河川法	219
6. 建築基準法	224
7. 騒音規制法・振動規制法	228
8. 港則法	232

勉強を始める前におさえておきたい

法規のキソ知識

法規のとらえ方と試験で取り上げられる法律について説明します。

● 施工管理技士の守るべき法規

試験および本書での「法規」とは，建設工事の施工に必要な法令のことを指す。法令とは，主に，法律＞政令＞省令＞告示の階層で構成される一連の文書のことであり，法律の範囲内で制定される条例も含まれる。

また，法令以外にも，契約図書，共通仕様書，建設工事公衆災害防止対策要綱，JISなど，法令上の義務は負わずとも遵守義務が発生するものもある。

● 試験に出る法律とその特徴

①労働基準法

労働基準法は，労働者と使用者が対等な立場で労働条件を決定し，そのルールを守って労働の義務を果たすための法律である。他者を一人でも雇用している事業，事務所に適用される。

②労働安全衛生法

労働安全衛生法は，危険防止基準の確立や，事業所内における責任体制の明確化を図ることにより，労働者の安全と健康を確保し，快適な作業環境の形成の促進を目的としている。

③建設業法

建設業法は，不良工事を防ぎ品質を確保することで発注者を守るための法律である。建設業の基本事項のほか，主任技術者・監理技術者といった，施工管理技士合格後になりうる立場において遵守すべき内容も含んでいる。

④道路関係法

道路法は，道路の整備や管理に関するルールを定めており，道路交通法や車両制限令といった法律と併せて機能する。水道・ガス・電気などのインフラを道路に設置する場合は道路法にもとづく許可を要する。

⑤河川法

河川法は，洪水や高潮等による災害の防止と河川の適切な利用，流水の正常な機能の維持，河川環境の整備と保全を目的とした法律である。

⑥建築基準法

建築基準法は，建築物の敷地，構造，設備，用途に関する最低基準を定める法律である。建築物の規制に使用する容積率や建ぺい率についても定めている。

⑦騒音規制法・振動規制法

騒音規制法・振動規制法は，工場や事業場における活動や，建設工事に伴って発生する騒音や振動から生活環境を守るための法律である。

※規制方法や条文の構成・内容がほぼ同様となっているため，まとめて解説する。

⑧港則法

港則法は，港内における船舶交通の安全および港内の整頓を図ることを目的とした法律である。船舶の航行ルールや，港湾内での工事に関する許可・届出について定めている。

法律の特徴をおさえておくと，正答肢の選択・類推の手助けになるよ！

● 数量の範囲

法律では，数値に関するルールが数多く定められている。数量の範囲について目盛りを用いて表現すると，図のようになる。

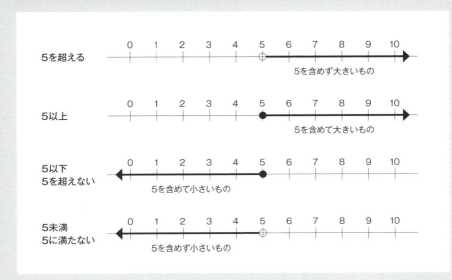

法規分野の出題傾向

法規分野は，11問のうちから6問を選んで解答する選択問題です。
必要解答数は6問なので，4〜5の法律に絞って勉強するとよいでしょう。
法規は独特の言い回しがあり，とっつきにくい印象がありますが，工事が正しく施工されるための守るべき重要なルールです。義務や禁止事項，数値等をおさえておきましょう。

試験では出題される内容がある程度決まっているので，頻出事項をしっかりおさえれば，得点しやすい分野だよ！

【過去15回の出題内容】※表中の数字は試験に出題されたときの問題番号です。

1. 労働基準法 … 2問

No.	出題項目分類	R6後	R6前	R5後	R5前	R4後	R4前	R3後	R3前	R2後	R2前	R元後	R元前	H30後	H30前	H29後	H29前
1.1	労働時間・休日・休暇	37		32		32		32		32			32	32		32	32
1.2	賃金		37		32			32				32			32		
1.3	就業規則		38				32										
1.4	年少者等	38		33				33	33			33		33		33	
1.5	災害補償				33	33				33				33		33	33

- それぞれの条件における労働時間の上限，休日・休暇の取得
- 賃金の支払方法
- 就業規則作成に伴う注意事項
- 年少者の就業制限業務の範囲
- 休業補償，障害補償，遺族補償

2. 労働安全衛生法 … 1問

No.	出題項目分類	R6後	R6前	R5後	R5前	R4後	R4前	R3後	R3前	R2後	R2前	R元後	R元前	H30後	H30前	H29後	H29前
2.1	作業主任者	39		34	34	34	34	34		34		34			34		
2.2	特別教育		39						34			34				34※	34
—	工事計画の届出													34			

※おもに安全管理体制に関する内容

- 作業主任者の選任が必要な作業
- 特別教育を行わなければならない業務

190

3. 建設業法 … 2問[※1]

No.	出題項目分類	R6 後	R6 前	R5 後	R5 前	R4 後	R4 前	R3 後	R3 前	R2 後	R2 前	R元 後	R元 前	H30 後	H30 前	H29 後	H29 前
3.1	建設業法の基本事項	40	40 41		35	35		35	35	35			35		35		
3.2	主任技術者・監理技術者	41		35			35					35		35		35	35
3.3	施工体制台帳・施工体系図[※2]		60		54					48			48				

※1 R5まで1問の出題でしたがR6では2問出題されています。
※2 3.3は「第7章 施工管理法 1.施工計画」の分野で出題されています。

ここを問われる！
- 用語の定義，元請負人の義務
- 主任技術者・監理技術者の職務，配置条件
- 施工体制台帳作成・施工体系図の取扱い等

4. 道路関係法 … 1問

No.	出題項目分類	R6 後	R6 前	R5 後	R5 前	R4 後	R4 前	R3 後	R3 前	R2 後	R2 前	R元 後	R元 前	H30 後	H30 前	H29 後	H29 前
4.1	道路の占用	44	44		36		36	36		36		36	36				36
4.2	車両の最高限度			36		36			36					36	36	36	

ここを問われる！
- 道路の占用の許可，占用物件
- 車両の幅，車両重量，高さ，長さ，最小回転半径の最高限度

5. 河川法 … 1問

No.	出題項目分類	R6 後	R6 前	R5 後	R5 前	R4 後	R4 前	R3 後	R3 前	R2 後	R2 前	R元 後	R元 前	H30 後	H30 前	H29 後	H29 前
5.1	河川法の基本事項		42		37	37			37	37			37		37		37
5.2	河川管理者の許可	42		37			37	37				37		37		37	

ここを問われる！
- 河川の区分，河川管理者，河川区域
- 河川区域において河川管理者の許可が必要な行為

6. 建築基準法 … 1問

No.	出題項目分類	R6 後	R6 前	R5 後	R5 前	R4 後	R4 前	R3 後	R3 前	R2 後	R2 前	R元 後	R元 前	H30 後	H30 前	H29 後	H29 前
6.1	建築基準法の基本事項	43	43		38	38	38	38	38			38	38	38	38	38	
6.2	建築のルール			38					38								38

ここを問われる！
- 用語の定義，建築物の主要構造部
- 接道義務，容積率，建ぺい率

7. 騒音規制法・振動規制法 … 1問ずつ　計2問

No.	出題項目分類		R6後	R6前	R5後	R5前	R4後	R4前	R3後	R3前	R2後	R2前	R元後	R元前	H30後	H30前	H29後	H29前
7.1	特定建設作業	騒音	45	45	40		40	40		40	40					40	40	
		振動	46	46	41		41	41	41		41		41		41			41
7.2	指定地域と届出	騒音				40			40				40	40	40			40
		振動				41			41				41		41	41		

- 特定建設作業に該当する作業・しない作業
- 特定建設作業の届出先，届出の記載事項

8. 港則法 … 1問

No.	出題項目分類	R6後	R6前	R5後	R5前	R4後	R4前	R3後	R3前	R2後	R2前	R元後	R元前	H30後	H30前	H29後	H29前
8.1	港則法の基本事項	47		42		42		42	42	42			42	42		42	
8.2	特定港内		47		42		42					42			42		42

- 港則法の用語，航路・航法
- 特定港内における港長の許可・届出

火薬取締法※ … 1問

No.	出題項目分類	R6後	R6前	R5後	R5前	R4後	R4前	R3後	R3前	R2後	R2前	R元後	R元前	H30後	H30前	H29後	H29前
—	火薬類取扱いの基本事項			39	39	39	39	39	39	39		39	39	39	39	39	39

※R5まで出題されていましたが，R6は出題がありませんでした。

- 火薬類の取扱い上，届出・許可が必要な行為
- 火薬類の取扱い上，厳守すべき事項・留意事項
- 火薬類取扱場所ごとのルール

法律独特のことばに慣れていなくても，キーワードや数値をおさえれば解きやすくなるよ！

1. 労働基準法

要点整理

労働契約にまつわる数値

	条件など	規定
労働時間	労働時間の上限（休憩時間を除く）	1週間40時間まで
		1日8時間まで
	時間外労働・休日労働	1か月45時間未満
		1年あたり360時間を超えない
	時間外労働の賃金	通常の賃金の2割5分増
休日	週1日以上　または　4週間を通じて4日以上	
休憩	労働時間6時間を超えて8時間以内	45分以上
	労働時間8時間を超える場合	1時間以上
有給休暇	勤続6か月で8割以上出勤	10労働日の有給休暇

災害補償にまつわる数値

	条件など	規定
休業補償	平均賃金の60%以上	
	療養後3年を経過しても治らないとき	平均賃金の1,200日分の打切補償→その後は補償しなくてよい
障害補償	障害が身体に残ってしまった場合	平均賃金×法で定める日数（障害の程度による）
遺族補償	労働者が業務上死亡した場合	平均賃金の1,000日分（遺族に対して）

1.1 労働時間・休日・休暇

労働時間・休日・休暇については，ほぼ毎年出題される。用語の定義や数値に着目し，理解しておくことが重要である。

1.1.1 労働時間 ★★★

労働時間とは，休憩時間を除く実際に働く時間を指し，労働者の健康を守るためにも次のような上限やルールが定められている。

Check!!

- 労働時間は，休憩時間を除き1週間について40時間，1週間の各日について8時間を超えてはならない（法定労働時間）。超えた場合は割増賃金を支払う

- 災害等の非常事態においては，行政官庁（労働基準監督署長）の許可によりその必要の限度において時間外労働をさせることができる（緊急時は後日の届出でもよい）

- 時間外労働（法定労働時間を超える労働）は，原則として，1か月あたり45時間未満，1年あたりは360時間を超えない範囲内である

- 事業場を異にする場合，労働時間は通算する

時間外労働は，臨時的な特別の事情があって労使が合意する場合は，1か月あたり100時間未満（休日労働含む），1年あたり720時間以内にできるよ！

1.1.2 休日・休憩・休暇 ★★★

休日は会社が決める休みの日のこと，休暇は休日以外の日や勤務時間中に休むこと，休憩は勤務時間の合間に休むことである。休暇には賃金が支払われる有給休暇があり，それぞれのルールは次のとおり。

Check!!

✓ 休日は，週1日以上とするか，または4週間を通じ4日以上としなければならない

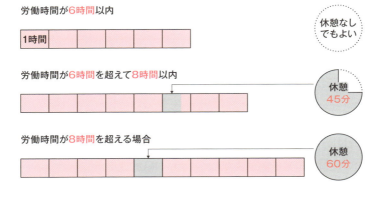

✓ 休憩時間は，労働時間が6時間を超える場合には45分以上，8時間を超える場合には1時間以上を，労働時間の途中に，原則として一斉に与えなければならない

✓ 年次有給休暇については，使用者は，雇入れの日から起算して6か月継続勤務し全労働日の8割以上出勤した労働者に対して，継続し，または分割した10労働日の有給休暇を与えなければならない

労使間で締結される，いわゆる三六協定（時間外労働・休日労働に関する取り決め）が働き方改革によって見直されて，2024年4月からは建設業にも適用されたよ

1.2 賃金

賃金とは，**労働の対償**として，使用者が労働者に支払う**すべてのもの**を指す。ふだんの私たちの生活においては「給与」と呼ばれることもあり，その最低額は法律で定められている。ここでは賃金の支払方法と，それに関する事項を簡単にまとめる。

> **労働者**：職業の種類を問わず，事業に使用される者で，賃金を支払われる者
> **使用者**：事業者や労働者に関する事項について，事業主のために行為をするすべての者（事業主，役員など）

賃金とは，賃金，給料，手当，賞与すべてのことをいうよ

1.2.1 賃金の支払方法 ★★★

賃金を支払う上では，労働者を中間搾取（いわゆるピンハネ）などの不当な扱いから守り，労働者の生活の安定を図るため，さまざまなルールが定められている。

また，賃金は，必ず労働の対償として払われるものであり（既往の労働），すんでいない労働に対して払われたり，先に支払われたことを条件に労働することを強いられることはあってはならない。支払いのルールは次のとおり。

Check!!

- 賃金は，**通貨**で，**直接**労働者にその**全額**を支払う。通貨とは，現金を指す
- 賃金は，性別によって差別的扱いをしてはならない
- 賃金の一部を控除して支払ってはならない
- 賃金は**毎月1回**以上，一定の期日を定めて支払わなければならない。ただし，賞与などの臨時の賃金は，この限りでない
- 賃金の最低基準は**最低賃金法**の定めにより，地域ごとに金額は異なる
- 使用者は，労働者が**非常時**（**出産**，**疾病**，**災害**など）でその費用として賃金の支払いを請求する場合には，支払期日前であっても，**既往の労働**（既に働いた分）に対する賃金を支払わなければならない
- **休業**（使用者の責に帰すべき自由による）**手当**：平均賃金の**60%**以上
- **時間外労働**：通常の労働時間または労働日の賃金の**2割5分増**

1.3 就業規則

就業規則は，使用者が定め労働基準監督署に届け出る，就業に関するルールである。労働基準法には，この就業規則に関する定めがされている。

1.3.1 就業規則の作成 ··· ★★☆

就業規則作成に伴う注意事項は，次のとおりである。

Check‼

- 常時10人以上の労働者を使用する使用者は，就業規則を作成し，行政官庁（労働基準監督署長）に届け出る
- 就業規則は，法令または事業場に適用される労働協約に反してはならない
- 就業規則には，①始業・終業時刻，休憩時間，休日，休暇，②賃金の決定，計算および支払いの方法，賃金の締切り，支払の時期，昇給に関する事項，③退職に関する事項を必ず記載する
- 使用者は，就業規則を作成または変更するときは，労働組合（ない場合は代表者）の意見を聴かなければならない

1.4 年少者等

労働者の中には年少者（18歳未満の者）も含まれる。年少者は，健康を守り修学の機会を確保し，親などからの搾取を防ぐため，特別の規定が設けられている。

年少者：18歳未満の者（児童※は除く）
　　※児童：満15歳に達した日以後の最初の3月31日までの者

未成年：成人に達していない18歳未満の者（＝0歳〜17歳）

1.4.1 全面的な基本事項・禁止事項 ····················· ★★★

年少者を雇用する上での基本的なルールは，次のとおり。

Check‼

- 親権者や後見人は未成年に代わって労働契約を締結してはならない（使用者と本人が直接契約を結ぶ。ただし親権者の同意が必要）
- 使用者は賃金を親権者や後見人に渡してはならない（本人に直接払う）
- 年齢を証明する戸籍証明書を事業場に備え付ける
- 年少者が解雇の日から14日以内に帰郷する場合は，使用者は必要な旅費を負担しなくてはならない

> **Level Up**
> 親権者や後見人または行政官庁は，労働契約が未成年者に不利であると認める場合においては，将来に向かって（過去に遡れないが）その契約を解除することができる

1.4.2 就業制限業務の範囲 ★★★

年少者が就業を禁止・制限されている業務のうち，おもなものは次のとおり。

Check!!

禁止事項
- 満15歳に達した日以後の最初の3月31日まで（＝義務教育期間中）の就業禁止
- 深夜業（午後10時～午前5時）の就業禁止
- 危険作業の禁止
- 坑内労働の禁止

就かせてはならない業務
- 重量物運搬の業務（表の重量以上の重量物を取り扱う業務）

区分		断続作業（kg）	継続作業（kg）
満16歳未満	女	12	8
	男	15	10
満16歳以上 満18歳未満	女	25	15
	男	30	20

- クレーン，デリックの運転の業務
- 動力による土木建築用機械の運転の業務
- 足場の組立，解体または変更の業務（地上，床上の補助作業を除く）
- 運転中の機械の危険な部分の掃除，注油，検査
- 毒劇薬または爆発性の原料を取り扱う業務
- 土石等のじんあいまたは粉末を著しく飛散する場所における作業

> 坑内労働とは，坑口（トンネルの入口）に入って出るまでのすべての時間を指すよ。休憩時間も含まれるよ

1.5 災害補償

労働中に起きた事故や，労働を原因とした病気は，**労働災害**（労災）と認定される。労働基準法では，就業中に発生した労働災害から労働者やその遺族を救うための**災害補償**が次のように定められている。

災害補償を受ける権利は，譲渡し，または**差し押さえてはならない**。また，労働者の退職によって変更されることはない。

❶ 療養補償 ★★☆

労働者が業務上負傷または疾病にかかった場合において，使用者は，必要な**療養を行う**か必要な**療養の費用を全額負担**しなければならない。

❷ 休業補償 ★★☆

労働者が業務上負傷または疾病の療養のために賃金を受けない場合においては，使用者は，労働者の療養中の**平均賃金の60%**の**休業補償**を行わなければならない。

❸ 障害補償 ★★☆

労働者が業務上負傷したり疾病にかかって治ったとき，その**身体に障害が残った場合**は，使用者は，その障害の程度に応じて，**平均賃金に法で定める日数を乗じて**得た金額の**障害補償**を行わなければならない。

> **用語** 🔗
> **平均賃金**
> 算定以前の3か月間の賃金の総額を，その期間の総日数（休日も含む）で除した金額

> **用語** 🔗
> **休業補償**
> 業務上の負傷または疾病による療養のための休業中の賃金の補償

Level Up

労働者が重大な過失によって負傷し，使用者がその過失について行政官庁（労働基準監督署長）の認定を受けた場合には，使用者は休業補償または障害補償を行わなくてもよい。

❹ 遺族補償 ★☆☆

労働者が業務上死亡した場合において，使用者は，**遺族**に対して，**平均賃金の1,000日**分の**遺族補償**を行わなければならない。

❺ 打切補償 ★☆☆

補償を受ける労働者が，**療養開始後3年**を経過しても負傷または疾病がなおらない場合においては，使用者は，平均賃金の**1,200日**分の**打切補償**を行うことにより，その後は補償を行わなくてもよい。

一問一答チャレンジ

❶	「賃金」とは，賃金，給料，手当などをいい，賞与はこれに含まれない。	✕
❷	賃金は，原則として，通貨で，直接労働者に，その全額を支払わなければならない。	◯
❸	使用者は，労働者が災害を受けた場合に限り，支払期日前であっても，労働者が請求した既往の労働に対する賃金を支払わなければならない。	✕
❹	使用者は，原則として労働者に，休憩時間を除き1週間に40時間を超えて，労働させてはならない。	◯
❺	使用者は，労働者に対して，原則として毎週少なくとも1回の休日を与えなければならない。	◯
❻	使用者は，原則として労働時間が6時間を超える場合においては，少なくとも45分の休憩時間を労働時間の途中に与えなければならない。	◯
❼	労働者が業務上の負傷，または疾病の療養のため，労働することができないために賃金を受けない場合は，使用者は，労働者の賃金を全額補償しなければならない。	✕
❽	療養補償を受ける労働者が，療養開始後3年を経過しても負傷または疾病が治らない場合は，使用者は，その後の一切の補償を行わなくてよい。	✕

【解説】
❶賃金とは，賃金，給料，手当，賞与その他名称のいかんを問わず，労働の対償として使用者が労働者に支払うすべてのものを指す。

❸出産，疾病，災害その他厚生労働省令で定める非常の場合には，使用者は労働者が請求した賃金を支払わなければならない。

❼休業補償として，使用者は，労働者の療養期間中の平均賃金の100分の60の休業補償を行わなければならない。

❽平均賃金の1,200日分の打切補償を行った上で，その後の補償を行わなくてもよい。

2. 労働安全衛生法

要点整理

作業主任者の選任を必要とする作業
- 掘削面の高さが2m以上となる地山の掘削の作業
- つり足場，張出し足場または高さが5m以上の構造の足場の組立て，解体または変更の作業
- 高さが5m以上のコンクリート造の工作物の解体または破壊の作業
- 土止め※支保工の切梁または腹起しの取付けまたは取外しの作業
- 型枠支保工の組立てまたは解体の作業
- 高圧室内作業（潜函工法または圧気工法等）
- ずい道等の掘削の作業またはこれに伴うずり積み，ずい道支保工の組立て，ロックボルトの取付けもしくはコンクリート等の吹付けの作業

※「土留め」と同じだが，法令上では「土止め」と表記される

事業者が労働者に対して特別教育を行わなければならない業務
- つり上げ荷重が5t未満のクレーンの運転の業務
- つり上げ荷重が1t未満の移動式クレーンの運転の業務
- アーク溶接機を用いて行う金属の溶接，溶断等の業務
- ボーリングマシンの運転の業務
- 建設用リフト※の運転の業務（※エレベーターは該当しない）
- ゴンドラの操作の業務

○mや○tの部分がひっかけで問われやすいよ！

2.1 作業主任者

建設現場では，労働災害から労働者を守るため，労働安全衛生法のもと，**安全管理体制**※が組まれている。この安全管理体制の中にはさまざまな役職があり，そのうちのひとつが**作業主任者**である。

※具体的な安全管理体制については，「第7章 施工管理法 3.1安全管理体制と危険防止措置」を参照。

2.1.1 作業主任者の選任 ★☆☆

事業者は，労働災害を防止するための管理を必要とする一定の作業について，**作業主任者**を**選任**することが義務付けられている。この作業主任者とは，作業の管理監督を行う者で，都道府県労働局長の免許を受けた者または都道府県労働局長の登録を受けた者が行う**技能講習**を修了した者のうちから選ばれる。

> **事業者**：事業を行う者で，労働者を使用する者。個人にあっては事業主，会社その他法人にあっては法人そのものをいう

2.1.2 作業主任者の選任を必要とする作業 ★★★

作業主任者の選任を必要とする作業のうち，おもなものは表のとおりである。

作業の内容	主任技術者の名称
掘削面の高さが2m以上となる地山の掘削作業	地山の掘削作業主任者
つり足場（ゴンドラのつり足場を除く），張出し足場および，高さが5m以上の構造の足場の組立て，解体または変更の作業	足場の組立て等作業主任者
コンクリート工作物（高さが5m以上のもの）の解体・破壊の作業	コンクリート造の工作物の解体等作業主任者
上部構造（部材の高さが5m以上のものまたは支間が30m以上である部分）がコンクリート造の橋梁の架設・変更の作業	コンクリート橋架設等作業主任者
土止め支保工の切梁または腹起こしの取付けまたは取外しの作業	土止め支保工作業主任者
型枠支保工の組立てまたは解体の作業	型枠支保工の組立て等作業主任者

下に2m，上に5mと覚えよう

2.2 特別教育

事業者は，労働者を危険または有害な業務に就かせるときは，特別教育を行わなければならない。

> 労働安全衛生法では，ある一定の危険・有害な業務に就く建設労働者に対し，**免許**の取得や**技能講習**の修了または**特別教育**の受講を義務付けている。危険有害な業務の難易度により，免許＞技能講習＞特別教育の順となる。

2.2.1 特別教育を行わなければならない業務 ……… ★★☆

特別教育の受講を要する業務は，次のとおりである。

Check!!
- **アーク溶接機**を用いて行う金属の溶接，溶断等の業務
- **ボーリングマシン**の運転の業務
- つり上げ荷重が**5t未満**のクレーンの運転の業務
- つり上げ荷重が**1t未満**の移動式クレーンの運転の業務
- **建設用リフト**※の運転の業務（※エレベーターは該当しない）
- **ゴンドラ**の操作の業務
- **エックス線**装置またはガンマ線照射装置を用いて行う透過写真の撮影の業務

Level Up

建設工事のうち，次の仕事を開始しようとする事業者は，その仕事の**開始日の14日前**までに，**労働基準監督署長**に，その仕事の計画を届出なければならない。

労働基準監督署長に工事開始の14日前までに計画の届出を必要とする作業	
①橋梁	最大支間**50m以上**の橋梁の建設等
②ずい道	ずい道等の建設等
③圧気工事	**圧気工法**による作業
④掘削工事	掘削の高さまたは深さが**10m以上**である**地山の掘削**

作業主任者，特別教育に関する問題では具体的な数値を問われやすいよ

一問一答チャレンジ

❶	土止め支保工の切梁または腹起しの取付けまたは取外しの作業には，作業主任者の選任が必要である。	○
❷	高さが5m以上のコンクリート造の工作物の解体または破壊の作業には，作業主任者の選任が必要である。	○
❸	既製コンクリート杭の杭打ちの作業には，作業主任者の選任が必要である。	✕
❹	掘削面の高さが1mの地山の掘削の作業には，作業主任者の選任が必要である。	✕
❺	道路のアスファルト舗装の転圧の作業には，作業主任者の選任が必要である。	✕
❻	型枠支保工の組立てまたは解体の作業には，作業主任者の選任が必要である。	○
❼	赤外線装置を用いて行う透過写真の撮影による点検の業務は，事業者が労働者に対して特別の教育を行う必要がある。	✕
❽	アーク溶接機を用いて行う金属の溶接，溶断等の業務は，事業者が労働者に対して特別の教育を行う必要がある。	○

【解説】

❸設問の作業は規定されていない。

❹作業主任者の選任が必要なのは，掘削面の高さが2m以上の地山の掘削の作業である。

❺設問の作業は規定されていない。

❼設問の業務は規定されていない。赤外線装置の危険性や有害性の度合いを考慮すれば，該当しないことを類推できる。

3. 建設業法

要点整理

建設業法の用語と定義

建　設　業：元請，下請その他いかなる名義をもってするかを問わず，建設工事の完成を請け負う営業

建 設 業 者：建設業の許可を受けて建設業を営む者

発　注　者：建設工事の最初の注文者

元 請 負 人：下請契約における注文者で，建設業者であるもの

下 請 負 人：下請契約における請負人

建設業の許可

■ 建設業の許可は，5年ごとにその更新を受けなければ，その期間の経過によって，その効力を失う

請負契約

■ 建設業者は，請負契約を締結する場合，工事の種別ごとの材料費，労務費等の内訳により見積りを行うよう努めなければならない

元請負人の義務

■ 元請負人は，作業方法等を定めるときは，事前に，下請負人の意見を聞かなければならない

■ 元請負人は，下請負人から建設工事が完成した旨の通知を受けたときは，20日以内で，かつ，できる限り短い期間内に完成検査を完了しなければならない

■ 元請負人は，完成検査後，下請負人から申し出があったときは，直ちに，引渡しを受けなければならない

元請が施工体制台帳・施工体系図の作成を必要とする場合

公 共 工 事：下請負人に発注しているすべての場合

民 間 工 事：下請負人に発注していて，かつ，下請代金の総額が5,000万円（建築一式工事は8,000万円）を超えている場合

3.1 建設業法の基本事項

建設工事は，工事の注文者が請負人と契約を結ぶ請負契約からはじまる。

請負人（元請負人）はさらに下請負人と下請契約を結び，元請負人の指導管理のもと下請負人によって工事が進む。ここでは，建設業法における労働者の立場に関する用語，建設業の定義，元請負人の義務などの基本事項について説明する。

3.1.1 用語の定義と関係性

建設業法に関連する用語と請負契約の関係性は，次のとおり。

用語	定義
建設工事	土木建築に関する工事
建設業	建設工事の完成を請け負う営業のこと（元請・下請その他いかなる名義をもってするかは問わない）
建設業者	建設業の許可（次ページ参照）を受けて建設業を営む者
発注者	建設工事の注文者（最初の注文者）
元請負人	下請契約においては注文者で，建設業者である者。元請ともいう
下請負人	下請契約における請負人。下請ともいう
下請契約	元請負人と下請負人との間で，その建設工事の全部または一部について締結される請負契約

 請負契約 → A社 元請負人（元請※） 下請契約 → B社 下請負人（1次下請） 下請契約 → C社 下請負人（2次下請）

※発注者から直接工事を請け負う者を一般に「元請」と呼ぶ

C社にとっての元請負人

下請契約があった時点で元請負人，下請負人と呼ばれるよ。関係性を整理しておこう！

206

3.1.2 建設業の許可

建設業を営もうとする者は，工事1件の請負代金が**500万円未満の軽微な建設工事**のみを請け負う場合を**除き**，**許可**を受けなくてはならない。建設業の許可の有効期限は**5年**であり，5年ごとに更新をしないと効力が失われる。

その許可の区分には，①営業所の範囲による区分（許可を得る先が国土交通大臣許可か都道府県知事許可か）と，②工事の規模による区分（一般建設業と特定建設業）の違いがある。

❶ 営業所の範囲による区分 ★☆☆

営業所の置き方により，**国土交通大臣**または**都道府県知事**のいずれかより許可を受ける。

許可する者	区分の内容
国土交通大臣許可	2以上の都道府県の区域内に営業所を設置している業者
都道府県知事許可	1つの都道府県の区域内にしか営業所を設置していない業者
例外	「軽微な建設工事」のみを請け負う業者

❷ 工事の規模による区分 ★☆☆

工事規模が大きくなり多くの下請企業を束ねて行う工事では，施工管理の難度が高くなる。このため，下請代金の合計額が**5,000万円**（建築一式工事では8,000万円）を超える工事を請け負う場合には**特定建設業**の許可が必要であり，許可取得のための要件が多く設定されている。特定建設業以外の**一般建設業**はこれより許可取得のための要件は低いが，受注できる工事が限られる。

そのため，特定建設業の許可を取得しておけば，規模の大きな工事を含む，許可を受けた業種に関わるすべての建設工事を請け負うことができる。

> **用語**
> **建築一式工事**
> 元請として総合的な企画，指導，調整のもとに建築物を建設する工事のこと。土木一式工事もある

❶❷に加えて，建設工事の業種別に建設業の許可を取得する必要があるよ。建設工事は全29業種に分類されているよ

3.1.3 請負契約

発注者と請負人の間で請負契約を交わすときの注意事項は，次のとおりである。

❶ 請負契約の締結

請負契約を締結する際は，必要事項を書面に記載し，署名または記名押印をして相互に交付しなければならない。

❷ 見積内容の提示

請負契約を締結する際は，工事の種別ごとの材料費，労務費等の内訳により見積りを行うよう努めなければならない。

❸ 一括下請負の禁止

建設工事を請け負った建設業者は，原則として，どの立場にあっても，その工事を一括して他人に請け負わせてはならない。

3.1.4 元請負人の義務

建設業法では，下請負人が不当な扱いを受けないよう，元請負人に対して一定の義務が定められている。元請負人の義務は次のとおり。

元請負人の義務	内容
下請負人の意見の聴取	元請負人は，工程細目，作業方法等を定めようとするときは，あらかじめ下請負人の意見を聞くこと
下請代金の支払	①工事完成または出来形部分に関する支払を受けたときは，元請負人は1月以内でかつ，できる限り短い期間内に当該下請負人に支払をすること ②労務費に相当する部分については，現金で支払うよう適切な配慮をすること ③工事の前払金の支払を受けたときは，元請負人は，下請負人に対して資材の購入，労働者の募集等工事の着手に必要な費用を前払金として支払うよう配慮すること
検査および引渡し	①下請負人から，完成通知を受けたときは，20日以内でかつ，できる限り短い期間内に完成検査をすること ②完成検査後，下請負人から申し出があったときは，直ちに，引渡しを受けなければならない

3.2 主任技術者・監理技術者

建設工事の現場には，施工に従事する者を指導・監督する主任技術者・監理技術者を置くことが定められている。それぞれの職務・配置等について解説する。

3.2.1 主任技術者・監理技術者の職務 ★★★

主任技術者・監理技術者の職務は，共通して次のとおりである。

Check!!
- 施工計画の作成
- 工程管理
- 品質管理
- 施工に従事する者の技術上の指導監督

作業の管理監督をする「作業主任者」（労働安全衛生法）と混同しないように注意しよう

3.2.2 主任技術者・監理技術者の配置

主任技術者・監理技術者は次のような条件で配置する。建設工事の施工に従事する者は，主任技術者・監理技術者がその職務として行う指導に従わなければならない。

❶ 主任技術者 ★★★

建設業者は，請け負った建設工事を施工するときに，建設工事の技術上の管理をつかさどる者として主任技術者を置かなければならない。

❷ 監理技術者 ★★★

元請業者が特定建設業で，下請契約の請負代金の総額が5,000万円以上（建築一式工事は8,000万円以上）となる場合には，主任技術者に代えて，監理技術者を置かなければならない。

主任技術者・監理技術者は現場代理人を兼任することができるよ！
詳しくは，「第6章 共通工学 2.1公共工事標準請負契約約款」を参照しよう

3.2.3 主任技術者・監理技術者の専任 .... ★☆☆

主任技術者または監理技術者は，**工事現場ごとに専任の者**でなければならない場合がある。「専任」とは，他の工事現場と兼務せず，原則として，その工事現場のみに従事していることを指す。

主任技術者・監理技術者の配置・専任については表のとおり。

技術者の区分	配置場所	専任を要する工事
主任技術者	㋐，㋑以外のすべての工事現場	①かつ②の場合は専任を要する
監理技術者	㋐特定建設業者が発注者から直接請け負った工事 かつ 下請負契約の総額が5,000万円（建築一式工事においては8,000万円）以上の工事現場	①国・地方公共団体が発注する工事，公共施設の工事，公衆・多数が使用する施設の工事 ②元請・下請にかかわらず，自社の請負金額が4,500万円（建築一式工事においては9,000万円）以上の工事
必要なし	㋑500万円未満の軽微な工事を，許可を受けていない業者が施工する工事現場	―

3.3 施工体制台帳・施工体系図

施工体制台帳・施工体系図は工事を施工する企業が適切に役割分担をしているかを確認するための書類で，**元請**が作成業者として作成する。

施工体制台帳：下請負人の商号または名称（株式会社〇〇など），住所，許可を受けて営む建設業の種類（土木工事業，建築工事業など），健康保険等の加入状況，建設工事の内容および工期，主任技術者の氏名等を記載したもの

施工体系図：各下請負人の施工分担関係を表示したもの

3.3.1 施工体制台帳・施工体系図の作成が必要な場合 ..... ★☆☆

施工体制台帳・施工体系図はすべての工事現場で必要となるのではなく，表のように発注者から請け負う工事の種類や，下請契約の金額によって異なる。

公共工事	下請契約を伴うすべての工事
民間工事	5,000万円以上の下請契約を伴う工事

chapter 5

3.3.2 施工体制台帳・施工体系図の取扱い

施工体制台帳・施工体系図の例とおもな記載事項，取扱いは次のとおり。

❶ 施工体制台帳　★☆☆

左側…元請の情報

右側…下請負人の情報
※この例は1次下請

A3サイズ。元請と下請負人の情報を記載する。

① 元請の建設業の許可業種・工事名・内容・工期・発注者名
② 下請負人（2次・3次下請等すべての下請負人）の商号または名称と住所
③ 全下請工事の名称・内容・工期
④ 全下請工事の主任技術者名・主任技術者の資格・専任か否かなど
⑤ 健康保険等の加入状況

施工体制台帳の取扱いについての留意事項は次のとおり。

Check !!

- 発注者が閲覧できるように，工事目的物の引渡し日まで現場ごとに備え置く
- 工事目的物を引き渡したときから5年間担当営業所に保存する
- 公共工事の場合は，施工体制台帳の写しを発注者に提出する
- 公共工事の受注者は，発注者から，現場の監理技術者・主任技術者等が施工体制台帳の記載と合致しているかどうか点検を求められた場合は拒否できない
- 記載事項に変更が生じた場合は，遅滞なく変更する
- 下請負人は，自らが請け負った建設工事を他の建設業者に請け負わせる場合は，元請負人に対して再下請負通知を行う

211

❷ 施工体系図

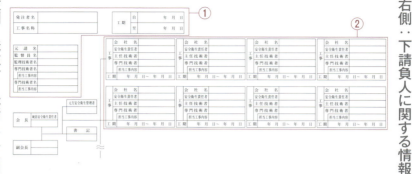

全下請負人の施工の分担関係が分かるように系統的に表示する。
① 作成建設業者の名称・工事名・工期・発注者名・監理技術者の氏名
② 全下請負人の名称・工事内容・工期・主任技術者の氏名

施工体系図の取扱いについての留意事項は次のとおり。

Check!!

- 工事目的物の引渡しの日まで現場の見やすい場所に掲示する
- 公共工事の場合は,「工事関係者の見やすい場所」および「公衆の見やすい場所」に掲示する
- 下請負人等に変更が生じたときは,速やかに変更して表示する
- 作成建設業者(元請負人)は,完成図,発注者との打合せ記録,施工体系図を,工事目的物の引き渡しから10年間保存する

一問一答チャレンジ

❶	建設業とは，元請，下請を問わず，建設工事の完成を請け負う営業をいう。	◯
❷	建設業者は，請け負った建設工事を，一括して他人に請け負わせてはならない。	◯
❸	元請負人は，下請負人から建設工事が完成した旨の通知を受けたときは，30日以内で，かつ，できる限り短い期間内に検査を完了しなければならない。	✕
❹	元請負人は，作業方法等を定めるときは，事前に，下請負人の意見を聞かなければならない。	◯
❺	主任技術者および監理技術者は，当該建設工事の施工計画の作成などの他，当該建設工事に関する下請契約の締結を行わなければならない。	✕
❻	建設業者は，請け負った工事を施工するときは，建設工事の経理上の管理をつかさどる主任技術者を置かなければならない。	✕
❼	発注者から直接建設工事を請け負った特定建設業者は，下請契約の請負代金額が政令で定める金額以上になる場合，監理技術者を置かなければならない。	◯
❽	公共性のある施設に関する重要な工事である場合，請負代金の額にかかわらず，工事現場ごとに専任の主任技術者を置かなければならない。	✕
❾	施工体系図は，当該建設工事の目的物の引渡しをしたときから10年間保存しなければならない。	◯

【解説】

❸当該通知を受けた日から20日以内で，かつ，できる限り短い期間内と規定されている。

❺❻主任技術者・監理技術者は，当該建設工事の施工計画の作成，工程管理，品質管理その他の技術上の管理，当該建設工事の施工に従事する者の技術上の指導監督の職務を誠実に行わなければならないと規定されている。下請契約の締結は事業者の責務である。

❽専任の主任技術者または監理技術者を配置するのは，公共施設や多数の者が利用するなどの重要な建設工事で，請負金額が4,500万円以上（建築一式工事の9,000万円以上）となる場合である。

4. 道路関係法

要点整理

道路の占用の許可申請書の記載事項

- 道路の占用の目的・期間・場所
- 工作物，物件または施設の構造
- 工事実施の方法・時期
- 道路の復旧方法

道路の占用の許可を必要とする物件 or もの

- 電柱，電線等の工作物
- 水道管，下水道管，ガス管など
- 鉄道，軌道（路面電車）
- 洪水，高潮，津波からの一時的な避難場所とする堅固な施設
- 看板，広告物，標識，幕など
- 工事用板囲，足場，詰所などの工事用施設
- 土石，竹木，瓦などの工事用材料

車両の最高限度

車両の寸法・部位		最高限度
総重量	高速自動車国道・道路管理者が指定した道路	25t
	その他の道路	20t
軸重（1つの車軸にかかる重量）		10t
輪荷重（1つのタイヤにかかる重量）		5t
幅		2.5m
高さ	道路管理者が，道路の構造の保全および交通の危険防止上支障がないと認めて指定した道路	4.1m
	その他の道路	3.8m
長さ		12m
最小回転半径（車両の最外側のわだち）		12m

4.1 道路の占用

道路は，道路本体（交通のための道や橋・トンネルなど）と道路附属物（安全で円滑な交通の確保や道路管理のための施設や工作物）からなる。道路は一般交通に使用されるほか，インフラ設備の設置に利用される。

道路の占用とは，道路の地上・地下に工作物，物件，施設を設けて，道路を独占的・継続的に使用することを指す。道路を占用するときは，**道路管理者**の**許可**が必要になる。

道路管理者は，道路法の規定によって道路を管理する者のことで，道路の種類によって表のように定められている。

道路の種類		道路管理者
高速自動車国道		国土交通大臣
一般国道	指定区間（直轄国道）	国土交通大臣
	指定区間外（補助国道）	都道府県または政令指定都市
都道府県道		都道府県または政令指定都市
市町村道		市町村

4.1.1 道路の占用の許可 ★★☆

道路の占用の許可を受ける場合は，必要事項を記載した申請書を**道路管理者**に提出する必要がある。許可申請書の記載事項は次のとおり。

Check!!
- 道路の占用の**目的・期間・場所**
- 工作物，物件または施設の構造
- 工事実施の**方法・時期**
- 道路の**復旧方法**

> 道路の附属物にあたるものは，占用許可の対象にならないよ！
> 例：ガードレール，道路情報提供装置，道路標識，道路の維持・修繕に用いる機械の常置場

Level Up　道路占用者が道路を掘削する場合には，土砂崩れが起こりやすく埋戻しが困難なため，**えぐり掘**（底部分を広げて掘る方法）は禁止されている。

4.1.2 道路の占用物件 ★★☆

道路を占用する道路占用物件として，道路管理者の許可を受ける必要があるものは次のとおり。

❶ **電柱**，**電線**等の工作物
❷ **水道管**，**下水道管**，**ガス管**など
❸ **鉄道**，軌道（路面電車）
❹ 洪水，高潮，津波からの一時的な**避難場所**とする堅固な施設
❺ 雪よけ（日よけ，アーケード）等の施設
❻ **看板**，広告物，標識，幕，旗ざお，パーキング・メーターなど
❼ **工事用板囲**，**足場**，詰所などの工事用施設
❽ 土石，竹木，瓦などの**工事用材料**

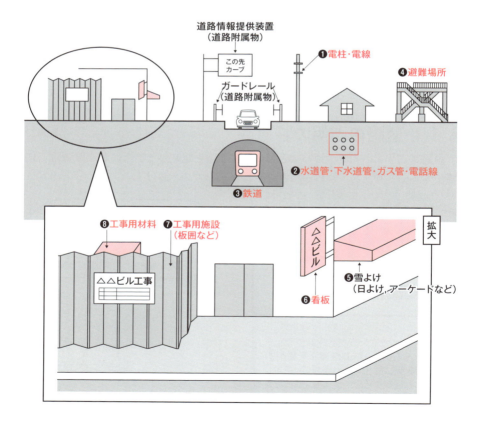

4.2 車両の最高限度

道路の構造を保全し交通の危険を防止するため，道路法の規定を受けた**車両制限令**において，車両の**最高限度**が定められている。

4.2.1 一般的な車両の制限 ★★★

車両の**最高限度**は次のように定められている。

- 幅 … **2.5m**（積載物が張り出す場合は車体の幅の1.2倍まで可）
- 重量
  - ・総重量
    高速自動車国道または道路管理者が指定した道路を通行する車両 … 25t
    その他の道路を通行する車両 … 20t
  - ・軸重（1つの車軸にかかる重量） … **10t**
  - ・輪荷重（1つのタイヤにかかる重量） … **5t**
- 高さ
  - ・道路管理者が，道路の構造の保全および交通の危険防止上支障がないと認めて指定した道路を通行する車両 … 4.1m※
  - ・その他の道路を通行する車両 … **3.8m**
- 長さ … **12m**（積載物が張り出す場合は車体の長さの1.2倍まで可）
- 最小回転半径 … **12m**（**車両の最外側のわだち**について）

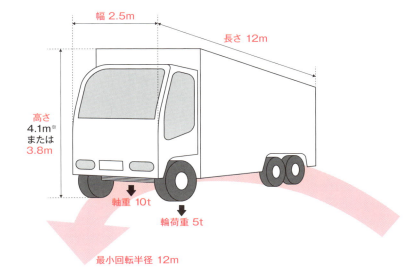

一問一答チャレンジ

❶	道路の占用許可に関し，道路法上，道路管理者に提出すべき申請書に記載する事項に該当するものは，道路の占用の目的・期間，工事実施の方法のほか，建設業の許可番号もである。	✕
❷	道路の維持または修繕に用いる機械，器具または材料の常置場を道路に接して設置する場合は，占用の許可を必要とする。	✕
❸	道路に，電柱，電線，広告塔を設置する場合は，占用の許可を必要とする。	◯
❹	道路に，工事用板囲，足場，詰所その他工事用施設を設置する場合は，占用の許可を必要とする。	◯
❺	車両の最高限度に関して，車両制限令上定められている車両の幅は，2.5mである。	◯
❻	車両の最高限度に関して，車両制限令上定められている車両の輪荷重は，10tである。	✕
❼	車両の最高限度に関して，車両制限令上定められている車両の高さは，3.8mである。	◯
❽	車両の最小回転半径の最高限度は，車両の最外側のわだちについて12mである。	◯

【解説】
❶建設業の許可番号は，道路法上の申請書記載事項に該当しない。許可番号を記載するのは施工体制台帳と施工体系図（P.210）である。
❷道路付属物として道路管理者が設置するので，占用許可を必要としない。
❻車両の輪荷重は5t，軸重が10tである。

5. 河川法

chapter **5**

要点整理

河川法の目的

- 河川法の目的には，洪水防御と水利用，河川環境の整備と保全が含まれる

河川の区分と河川管理者

- 一級河川の管理は，原則として国土交通大臣が行う
- 二級河川の管理は，都道府県知事が行う
- 準用河川の管理は，市町村長が行う

河川区域

- 河川区域には，堤防に挟まれた区域と，河川管理施設の敷地である土地の区域が含まれる（河川保全区域は含まれない）
- 河川管理施設とは，ダム，堰，水門，堤防，護岸，床止め，樹林帯などをいう

河川区域内において河川管理者の許可を必要とする行為

- 工作物の新築・改築
- 河川区域内に設置されているトイレの設置・撤去
- 河川区域内の土地における竹林の伐採
- 河川区域内の上空を横断する送電線の架設
- 河川区域内の土地における現場事務所や工事資材置場の設置

河川区域内において河川管理者の許可を必要としない行為

- 取水施設の機能維持のために行う取水口付近に堆積した土砂の排除

219

5.1 河川法の基本事項

河川法上の河川の区分や管理者，区域などの基本事項について説明する。

5.1.1 河川法の目的 ★☆☆

河川法第1条に定められている，この法律の目的は次のとおり。

> **Check!!**
> - 洪水，高潮等による災害発生の防止
> - 河川の適正な利用
> - 流水の正常な機能の維持
> - 河川環境の整備と保全

5.1.2 河川の区分と河川管理者 ★★☆

河川は法律上，区分・区間，その管理者が表のように定められている。

河川の区分	河川の区分および区間	河川管理者
一級河川	指定区間外（直轄管理区間）	国土交通大臣
一級河川	指定区間（国土交通大臣が指定）	国土交通大臣※1
二級河川	一級水系以外の水系の河川のうち，都道府県知事が指定	都道府県知事※2
準用河川	一級河川および二級河川以外の河川から市町村長が指定	市町村長
普通河川	一級河川，二級河川または準用河川以外の河川で条例に基づき指定	市町村長

※1 都道府県知事または政令指定都市の長が管理の一部を行う
※2 都道府県知事または政令指定都市の長

河川の区分は河川管理者によって決まるよ。
一般的に一級河川の方が二級河川より大きく，
洪水等による災害の規模も大きいと想定されるよ

5.1.3 河川区域 ★★★

河川法が適用される河川区域（堤防に挟まれた区域と河川管理施設の敷地である土地の区域）は図のとおり。

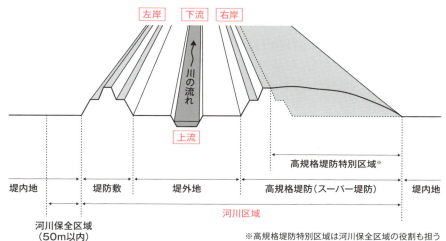

河川管理施設	：河川管理者が建設および管理している施設で河川区域に含まれる。洪水等から人々の生活を守るためのもので,堤防（高規格堤防（スーパー堤防）を含む）・護岸・ダム・堰・水門・床止め・樹林帯などをいう
河川保全区域	：河川管理施設を保全するために河川管理者が指定した一定の区域（原則として河川管理施設から50m以内の区域）

河川区域には，河川の上空や地下も含まれるよ！

5.2 河川管理者の許可

河川区域では，土地の占用や土石等の採取などを行う場合に，河川管理者の許可が必要となる。

5.2.1 河川区域における行為の規制 .... ★★★

河川区域では，行為の内容によって河川管理者の許可が必要な場合と，許可が不必要な場合がある。また，河川区域内であっても，その場所が官有地か民有地かによって許可が必要な場合と不必要な場合がある。許可の区分は次の表のとおり。

> **官有地**：国（または県・市町村）の所有する土地
> **民有地**：民間で所有する土地。私有地ともいう
> 河川区域内の土地所有者は，主に国土交通省や県・市町村であるが，河川区域内に個人所有の畑などが存在する場合がある

河川区域における行為	許可が必要なもの	許可が不必要なもの
土地の占用	・官有地の占用 　①公園や広場，鉄塔，橋台，電柱や工事用道路などを設置 ②上空に高圧線，電線，橋梁や吊り橋などを架設 ③地下にサイホン，下水道施設や光ケーブルなどを埋設 　※イベント等の工作物設置を伴わない一時的使用も対象	・民有地の占用
土石等の採取	・官有地における土石，砂，竹木，あし，かや，埋もれ木，笹，じゅん菜等やその他河川管理者が指定するものの採取 ・掘削を伴う土石の採取	・民有地における土石等の採取※ ・砂鉄などの産出物の採取※ ※掘削を伴うと許可が必要
工作物の新築等	・工作物の新築，改築，除却 ※上空や地下の工作物，仮設工作物，現場事務所，工事資材置場も対象	・河川工事のための資機材，運搬施設や足場，板囲，標識等
土地の掘削・竹木の伐採等	・土地の掘削，盛土，切土，その他土地の形状を変更する行為 ・竹木の栽植 ・竹木の伐採（河川管理者が指定した区域および樹林帯区域）	・河川工事のために行う土石の採取に伴う掘削 ・許可を得た工作物の新築等を行うための掘削等 ・耕うん（農耕） ・竹木の伐採（指定区域・樹林帯区域以外） ・取・排水施設の機能を維持するための土砂の排除

一問一答チャレンジ

❶	河川法の目的は，洪水防御と水利用のほか，河川環境の整備と保全も含まれる。	○
❷	都道府県知事が管理する河川は，原則として，二級河川に加えて準用河川が含まれる。	×
❸	河川法上の河川に含まれない施設は，ダム，堰，水門等である。	×
❹	河川区域には，堤防に挟まれた区域と堤内地側の河川保全区域が含まれる。	×
❺	河川区域内に設置されているトイレの撤去は河川管理者の許可を必要とする。	○
❻	河川の上空に送電線を架設する場合は，河川管理者の許可を受ける必要はない。	×
❼	取水施設の機能維持のために行う取水口付近に体積した土砂の排除は，河川管理者の許可を必要としない。	○
❽	河川区域内の土地において道路工事のための現場事務所や工事資材置場等を設置するときは，河川管理者の許可が必要である。	○

【解説】

❷準用河川の河川管理者は，市町村長である。

❸河川法上の河川には河川管理施設も含まれる。河川管理施設とは，ダム，堰，水門，堤防，護岸，床止め，樹林帯などである。

❹河川区域は堤防に挟まれた区域と河川管理施設の敷地であり，河川保全区域は含まれない。

❻上空や地下に設ける工作物，工事用材料置場などの一時的な仮設工作物についても許可を受ける必要がある。

223

6. 建築基準法

要点整理

建築基準法の用語と定義

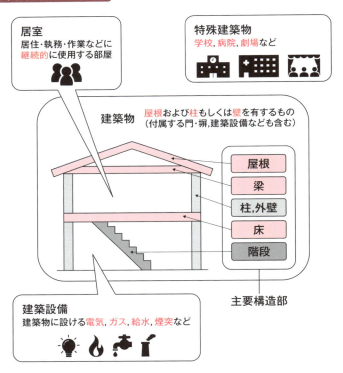

接道義務, 容積率, 建ぺい率

- 道路は, 原則として幅員4m以上のものをいう
- 建築物の敷地は, 原則として道路に2m以上接しなければならない
- 容積率とは, 建築物の延べ面積の敷地面積に対する割合をいう
- 建ぺい率とは, 建築物の建築面積の敷地面積に対する割合をいう

6.1 建築基準法の基本事項

建築基準法では、建設物の敷地、構造、設備、用途に関する最低の基準が定められている。ここでは、建築基準法における用語の定義について解説する。

6.1.1 建築基準法の用語と定義 ★★★

試験に出題されやすい用語の定義は表のとおり。

用語	定義（意味）
建築物	土地に定着する工作物のうち、 ・①屋根と柱を有するもの ・②屋根と壁を有するもの ・①②に付属する門もしくは塀、建築設備　など
特殊建築物	学校、体育館、病院、劇場、集会場、百貨店　など
建築設備	建築物に設ける電気、ガス、給水、排水、換気、冷暖房、消火、排煙、汚物処理場の設備・煙突、浄化槽、エレベーター、避雷針　など
居室	居住、執務、作業、集会、娯楽などのために継続的に使用する部屋
主要構造部	壁、柱、床、梁、屋根、階段 ※構造上重要でない間仕切壁、間柱、最下階の床、ひさし等は除く
建築	建築物を新築・増築・改築・移転すること
建築主	・建築物に関する工事の請負契約の注文者 ・自ら建築物の工事をする者
特定行政庁	・建築行政をつかさどる行政機関のこと。おもな業務は、建築確認、違反建築物に対する是正命令など ・建築主事（建築確認や完了検査を行う役職）を置く市町村の区域については当該市町村の長、その他の市町村の区域については都道府県知事を指す

特殊建築物は、不特定多数の人が利用するため、火災などに対する利用者の安全確保が重要だよ。
主要構造部は、建築物の構造上重要な部分ではなくて、防火や避難の観点から重要な部分のことを指しているよ

6.2 建築のルール

建築基準法では，建ぺい率など建築のルール（集団規定※）が定められており，都市計画区域・準都市計画区域内の建築物またはその敷地に適用される。

※建物を単体としてではなく，街の中にあるものとして捉えた場合の都市づくりのためのルール

6.2.1 接道義務 ★★☆

建築基準法では，**接道義務**（道路と建築物の敷地に関する義務）が定められている。道路は，**幅員**（道路の幅）が**4m以上**のものをいい，建築物の敷地は，道路に**2m以上接する**ことが義務づけられている。

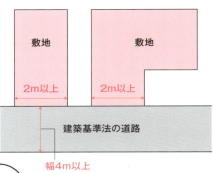

道路に2m以上接するのは，緊急車両が通行したり災害時の避難路を確保するためだよ！

6.2.2 容積率 ★☆☆

容積率は，敷地面積に対する建築物の**延べ面積**（建築物の床面積の合計）の割合のこと。

$$容積率 = \frac{建築物の延べ面積}{敷地面積} \times 100 \,(\%)$$

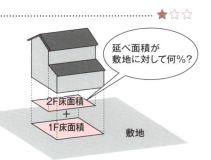

6.2.3 建ぺい率 ★★☆

建ぺい率とは，敷地面積に対する建築物の**建築面積**の割合のこと。

$$建ぺい率 = \frac{建築面積}{敷地面積} \times 100 \,(\%)$$

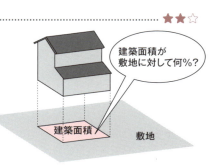

chapter 5

一問一答チャレンジ

❶	建築とは，建築物を新築し，増築し，改築し，または移転することをいう。	◯
❷	特殊建築物とは，学校，体育館，病院，劇場，集会場，百貨店などをいう。	◯
❸	建築物の主要構造部は，壁，柱，床，梁，屋根または付け柱をいう。	✕
❹	建築設備は，建築物に設ける電気，ガス，給水，冷暖房などの設備を含まない。	✕
❺	建築物の敷地は，原則として道路に2m以上接しなければならない。	◯
❻	都市計画区域内の道路は，原則として幅員3m以上のものをいう。	✕
❼	建築物の延べ面積の敷地面積に対する割合を容積率という。	◯
❽	敷地面積1,000m²の土地に，建築面積500m²の2階建ての倉庫を建築しようとする場合，建築基準法上の建ぺい率は200%である。	✕

【解説】

❸建築物の主要構造部は，壁，柱，床，梁，屋根または階段をいう。付け柱は装飾であって屋根や床を支えない。

❹建築設備は，建築物に設ける電気，ガス，給水，冷暖房などの設備を含む。

❻道路の幅員は4m以上であり，建築物の敷地は原則として道路に2m以上接しなければならない。

❽ $建ぺい率 (\%) = \dfrac{建築面積 (m^2)}{敷地面積 (m^2)} \times 100$

$= \dfrac{500}{1000} \times 100 = 50 \, (\%)$

227

7. 騒音規制法・振動規制法

要点整理

騒音規制法・振動規制法における特定建設作業

	騒音規制法	振動規制法
特定建設作業になる機械（使用すると）	くい打機, くい抜機, くい打くい抜機 ・もんけん ・圧入式くい打くい抜機 ・くい打機をアースオーガ 　と併用する作業　　　　を除く びょう打機 さく岩機 空気圧縮機 コンクリートプラント, アスファルトプラント バックホウ（定格出力80kW以上） トラクターショベル（定格出力70kW以上） ブルドーザ（定格出力40kW以上）	くい打機, くい抜機, くい打くい抜機 ・もんけん ・圧入式くい打機 ・油圧式くい打機 ・圧入式くい打くい抜機　を除く 舗装版破砕機 ブレーカー ・手持ち式を除く
騒音・振動の大きさの制限	境界線において, 騒音の大きさが75dBを超えないこと	境界線において, 振動の大きさが85dBを超えないこと

指定地域（共通）

■ 都道府県知事（または市長）が, 住民の生活環境を保全する必要があると認める地域を指定地域として定める

■ 指定地域内において, 特定建設作業を伴う建設工事を施工する者は, 作業開始日の7日前までに, 市町村長に実施の届出をしなければならない

7.1 特定建設作業

建設工事の作業のうち，著しい**騒音**または**振動**を発生させる作業として定められ，かつ，**2日以上**にわたって実施される作業を**特定建設作業**という。

7.1.1 特定建設作業の種類 ★★★

特定建設作業は，騒音の規制対象として8種類，振動の規制対象として4種類の作業が表のように指定されている。

騒音の規制対象	振動の規制対象
① **くい打機，くい抜機，くい打くい抜機**を使用する作業 　イ　もんけんを除く 　ロ　**圧入式**くい打くい抜機を**除く** 　ハ　くい打機をアースオーガと併用する作業を除く	① **くい打機，くい抜機，くい打くい抜機**を使用する作業 　イ　もんけん，**圧入式**くい打機を**除く** 　ロ　**油圧式**くい抜機を**除く** 　ハ　**圧入式**くい打くい抜機を**除く**
② **びょう打機**を使用する作業	② 鋼球を使用して建築物その他の工作物を破壊する作業
③ **さく岩機**を使用する作業 　（1日の作業の2地点間の最大距離が50mを超えない作業に限る）	③ **舗装版破砕機**を使用する作業 　（1日の作業の2地点間の最大距離が50mを超えない作業に限る）
④ **空気圧縮機**を使用する作業	④ **ブレーカー**を使用する作業 　（**手持ち式**を除く）
⑤ コンクリートプラント，アスファルトプラントを設けて行う作業	
⑥ **バックホウ**を使用する作業 　（定格出力が80kW以上のものに限る）	
⑦ **トラクターショベル**を使用する作業 　（定格出力が70kW以上のものに限る）	
⑧ **ブルドーザ**を使用する作業 　（定格出力が40kW以上のものに限る）	

騒音・振動どちらも出題されやすいよ。それぞれについて整理して覚えておこう！

7.1.2 特定建設作業の規制基準

特定建設作業に関する騒音・振動の規制基準は下表のとおりである。

	騒音規制	振動規制
① 特定建設作業の種類	8種類	4種類
② 騒音・振動の大きさの制限	85dBを超えないこと	75dBを超えないこと
③ 騒音・振動の測定場所	敷地の境界線において	
④ 夜間・深夜作業の禁止時間	1号区域：午後7時から翌日の午前7時まで 2号区域：午後10時から翌日の午前6時まで	
⑤ 1日の作業時間の制限	1号区域：1日10時間を超えないこと 2号区域：1日14時間を超えないこと 騒音または振動が規制基準を超えた場合，改善勧告または改善命令により，上記未満から4時間までの範囲で作業時間が短縮されることがある。	
⑥ 作業期間の制限	同一場所において，連続6日間を超えて発生させないこと	
⑦ 作業の禁止日	日曜日その他の休日は，作業禁止	

7.2 指定地域と届出

　特定の場所や作業で発生する騒音や振動から住民を守るために定められた指定地域において特定建設作業を行う場合は，届出が必要となる。

7.2.1 指定地域

　都道府県知事（市の区域内の地域については市長）は，住民の生活環境を保全する必要があると認める地域（住居が集合している地域，病院や学校など）を指定地域として定める。これは，特定施設等において発生する騒音・振動，または特定建設作業に伴って発生する騒音・振動について規制する地域として指定するということである。

　なお，指定地域は，静穏の保持を特に必要とする第1号区域（住宅地，学校，病院など）と，その他の第2号区域に区分される。

7.2.2 指定区域内での特定建設作業の届出 ………… ★★★

指定地域内で**特定建設作業**を伴う建設工事を施工しようとする者は，特定建設作業の**作業開始日の7日前**までに，次の事項を**市町村長**に届け出なくてはならない。

Check!!

- 施工者（元請業者）の氏名または名称および住所，法人の場合は代表者の氏名
- 建設工事の目的となる施設または工作物の種類
- 特定建設作業の場所，実施期間，作業時刻
- 騒音または振動の防止方法
- 必要に応じて，特定建設作業の場所付近の見取図

一問一答チャレンジ

❶	騒音規制法上，建設機械の規格等にかかわらず「バックホウを使用する作業」は,特定建設作業の対象とならない。	×
❷	振動規制法上，指定地域内において行う「もんけん式くい打機を使用する作業」は特定建設作業に該当する。	×
❸	振動規制法上，特定建設作業の規制基準に関する測定位置は，特定建設作業の敷地の境界線である。	○
❹	特定建設作業の敷地の境界線において騒音の大きさは75dBを超えてはならない。	×

【解説】
❶バックホウ（一定の限度を超える大きさの騒音を発生しないものとして環境大臣が指定するものを除き，原動機の定格出力が80kW以上のものに限る。）を使用する作業は，特定建設作業である。
❷振動の規制対象とされているくい打機は，もんけんおよび圧入式くい打機を除くとされている。
❹騒音の大きさの制限は85dBである。

8. 港則法

要点整理

航行ルール

- 汽艇等以外の船舶は，特定港に出入りしたり，特定港を通過するには，国土交通省が定める航路を航行しなければならない
- 船舶は，航路内で原則として投びょうしてはならない。また，えい航している船舶を放してはならない
- 船舶は，航路内においては，並列して航行してはならない
- 船舶は，航路内においては，他の船舶を追い越してはならない
- 船舶は，航路内において，他の船舶と行き会うときは，右側を航行しなくてはならない
- 船舶は，港内において防波堤，埠頭，または停泊船舶などを右げんに見て航行するときは，できるだけこれに近づいて航行しなければならない
- 航路内を航行する他の船舶の進路を避けなければならない

港長への許可と届出

特定港内における許可の区分	対象となる行為等
許可を受ける ※印は，特定港内・特定港の境界付近における許可	危険物の積込み，積替えまたは荷卸し 工事または作業※ 竹木材を船舶から水上に卸す いかだのけい留，または運航 危険物の運搬※ 使用する私設信号の決定
届け出る	入港または出港 船舶（汽艇等以外）の修繕またはけい船

8.1 港則法の基本事項

港則法は，港内における船舶交通の安全および港内の整頓を図ることを目的としており，海における工事の際に必要となる。

8.1.1 港則法関連用語

港則法に関連する用語は表のとおり。

用語	定義・意味
航路	船舶の航行のために設定された水路のこと
投びょう	船舶がいかり（錨）をおろして船舶を留めること
えい航（曳航）	船舶が他の船舶を引っ張って航行すること
けい船（係船）けい留（係留）	船舶をつなぎ留めること
特定港	大小船舶の交通が多く，外国船舶が常時出入する港のこと
港長	特定港において，海上保安庁長官が海上保安官の中から任命する
汽艇等	総トン数20t未満の汽船や小舟のこと
右げん，左げん	舷は，船の両側面のこと。右げんは進行方向に向かって船の右側面，左げんは船の左側面を指す

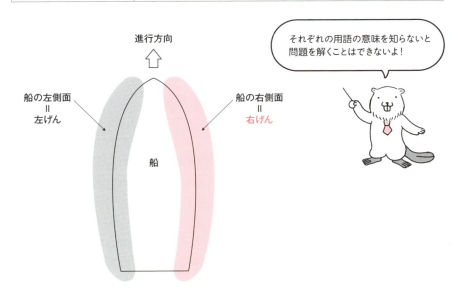

8.1.2 航行ルール ★★★

港内において安全な航行が行われるように,次のようなルールが定められている。

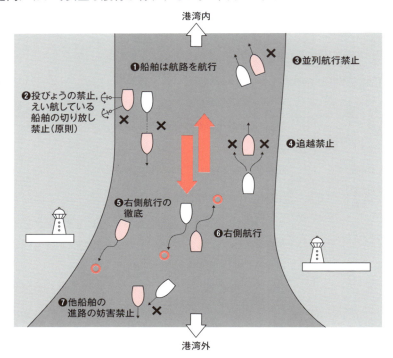

❶ 汽艇等以外の船舶で特定港に入出または通過しようとする船舶は,国土交通省令で定める航路を航行しなければならない。
❷ 船舶は,航路内において原則として投びょうしてはならない。また,えい航している船舶を放してはならない。
❸ 船舶は,航路内において並列して航行してはならない。
❹ 船舶は,航路内において他の船舶を追い越してはならない。
❺ 船舶は,航路内において他の船舶と行き会うときは,右側を航行しなければならない。
❻ 港内において,防波堤,埠頭その他の工作物の突端または停泊を右げんに見て航行する場合は,できるだけこれらに近寄らなければならない(左げんに見て航行する場合は,できるだけこれらから遠ざからなければならない)。
❼ 船舶が航路外から航路に入ろうとする場合または航路から航路外に出ようとする場合は,航路内を航行する他の船舶の進路を避けなければならない。

8.2 特定港内

特定港とは，吃水（船体の一番下から水面までの垂直距離）の深い船舶が出入できる港，もしくは外国船舶が常時出入する港を指し，国内では80か所以上ある。

8.2.1 特定港内における港長の許可・届出 ⋯⋯⋯⋯ ★★☆

特定港内で行う行為には，港長に「許可を受ける」ものと「届け出る」ものがある。

Check!!

特定港において許可を受けるもの

- 特定港において危険物の積込，積替または荷卸をするとき
- 特定港または特定港の境界付近において，危険物を運搬しようとするとき
- 特定港内において，使用する私設信号を定めようとする者
- 特定港または特定港の境界付近において，工事または作業をしようとする者

特定港において届け出るもの

- 特定港に入港または出港しようとするとき
- 特定港内において，船舶（汽艇船以外）を修繕またはけい船しようとする者

一問一答チャレンジ

❶	船舶は，航路内においては，原則として投びょうし，またはえい航している船舶を放してはならない。	○
❷	船舶は，特定港において危険物の積込，積替または荷卸をするには，その旨を港長に届け出なければならない。	×
❸	船舶が，特定港を出港しようとするときは，港長の許可を受ける必要がある。	×

【解説】

❷船舶は，特定港において危険物の積込，積替または荷卸をするには，届出ではなく，港長の許可が必要。

❸船舶が特定港に入出港しようとするときは，港長に届け出なければならない。

第6章

6

共通工学

　土木工事は，道路や橋，堤防，鉄道などの社会基盤の整備を図るために行うものです。そのため，ほとんどが国や地方自治体などの公的機関が発注する公共工事となります。公共工事の場合，発注者と受注者が対等な立場で進められるように「公共工事標準請負契約約款」にもとづいた契約がなされます。また，受注者は契約後に工事に着手しますが，着手後直ちに測量を実施し，測量結果が設計図書と合っているかを確認しなければなりません。2級土木の試験では，このように土工などの施工が始まる前に行われる測量や契約などの分野からも出題されます。

共通工学のキソ知識 ………………………… 238
共通工学分野の出題傾向 ……………………… 239
1. 測量 …………………………………………… 240
2. 契約・設計 ………………………………… 248

勉強を始める前におさえておきたい

共通工学のキソ知識

共通工学の試験範囲を勉強する前に理解しておきたい基礎知識をコンパクトに紹介します。

● 測点を結んだ多角形から基準点を定めるトラバース測量

　測量とは，トータルステーションなどの測量機器を用いて，山の高さや土地の広さ，道路・河川などの位置や距離を求めることである。

　2級の試験では，これまで出題されてきた水準測量に替わり，令和4年度からトラバース測量が出題されている。トラバース測量は，ある一点から順次測定して得られた測点を結んでできた折れ線の各辺の長さと方位角を求めることにより，各点（多角点）の位置を定める測量方法である。

● 受注者と発注者それぞれの立場を守るための契約

　公共工事の請負契約においては，受注者が不利な立場に置かれる可能性が高く，それを防ぐため，当事者間の権利義務を明文化した「公共工事標準請負契約約款」が定められている。

　公共工事標準請負契約約款は国土交通省のWebサイトに公開されているので，目を通しておくことをおすすめする。また，民間工事においても同様に「民間工事標準請負契約約款」が定められている。

共通工学分野の出題傾向

共通工学分野は土木工事に欠かせない「測量」「契約」「設計」「機械」から4問出題され，全問解答が必要な必須問題です。「測量」は令和4年度からトラバース測量が出題されるようになりました。「契約」は公共工事標準請負契約約款に関する内容，「設計」は橋や擁壁の各部名称が問われます。なお，「機械」については「第1章 土工」で解説しています。

【過去15回の出題内容】

No.	出題項目分類		R6 後	R6 前	R5 後	R5 前	R4 後	R4 前	R3 後	R3 前	R2 後	R2 前	R元 後	R元 前	H30 後	H30 前	H29 後	H29 前
1	測量	トラバース測量（方位角）		48		43		43										
		トラバース測量（閉合比）	48		43		43											
		水準測量と地盤高							43	43	43		43	43	43	43	43	43
2	契約（公共工事標準請負契約約款）		49	49	44	44	44	44	44	44		44	44	44	44	44	44
	設計	橋の構造	50		45		45									45		
		ブロック積擁壁		50		45		45										
		道路橋							45		45		45		45			
		逆T字型擁壁								45			45			45		45
※	建設機械の規格・適応作業		51	51	46	46	46	46	46	46	46		46	46	46		46	

※建設機械は「第1章 土工 5.建設機械」にて解説しています。

 ここを問われる！

1. 測量
トラバース測量の方位角（同じ測線上の磁北に対する「はみ出た角度」は等しいという条件を使った計算）と閉合比（閉合誤差÷測線の距離の合計＝閉合比という式を使った計算），水準測量の地盤高測定

2. 契約・設計
公共工事標準請負契約約款の記載内容，一般的な橋の構造と名称，ブロック積擁壁の各部名称と記号の表記，道路橋の構造名称，逆T字型擁壁各部の名称と寸法記号の表記

トラバース測量は前期に方位角，後期に閉合比が出題される傾向にあるよ

1. 測量

要点整理

トラバース測量の方位角の求め方のポイント

- 測線ABの磁北に対する「はみ出た角度」は 等しい
- 測線BCの方位角＝測点Bの観測角＋「はみ出た角度」

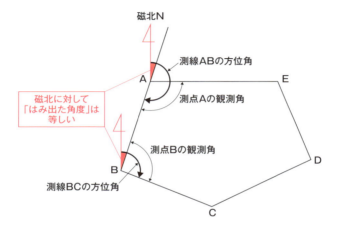

トラバース測量の閉合比の求め方

- 閉合誤差÷測線の距離の合計＝閉合比

水準測量による地盤高の求め方

- （測点No.0の地盤高＋測点No.0の後視）－測点No.1の前視＝測点No.1の地盤高

解き方のくわしい手順については，
P.242（方位角），P.244（閉合比），P.247（水準測量）で説明しているよ！
R4年度試験からはトラバース測量の方位角と閉合比の問題が交互に
出題されていて，水準測量はここ最近出題されていないよ。

1.1 測量の基本

測量とは，水平距離・水平角度・高さを用いて地球上の位置関係を求め，それらを図で示したり，求めた地点を現地に設定する作業をいう。

建設工事現場で作業を始める前に最初に行われるのが測量であり，実際の作業は測量士が行う。正確な数値をつかむことが，安全で高品質な建設作業につながる。

測量には，トラバース測量，水準測量などさまざまな種類がある。

1.2 トラバース測量（多角測量）

トラバース測量とは，図のように位置の基準となる点（既知点，与点などという）と，新たに位置を知りたい点（未知点，新点などという）との間を順に測線で結び，測線の距離と隣接する測線の間の角度を測定して，未知点の位置を順次定めていく測量方式である。この測線で結ぶことをトラバースという。

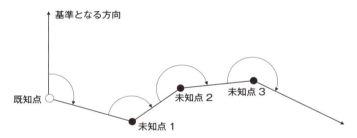

1.2.1 トラバース測量の種類 ★★☆

トラバース測量の種類には，下図のように，既知点から測量を開始し，未知点で終了する(a)開放トラバース，開始した既知点に戻る(b)閉合トラバース，開始した点とは別の既知点まで繋ぐ(c)結合トラバースなどがある。

(b)閉合トラバースでは，開始した元の点に戻ってくるまでに蓄積された誤差を閉合誤差という。トラバース測量の精度は閉合誤差と測線の距離の合計との比（閉合比）で示され，精度が低いときには再測量しなければならない。

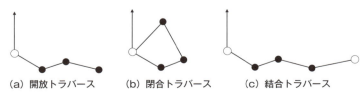

(a) 開放トラバース　　(b) 閉合トラバース　　(c) 結合トラバース

トラバース測量の問題の解き方

①方位角を求める

【例題】 トラバース測量を行い下表の観測結果を得た。測線ABの方位角は183°50′40″である。**測線BCの方位角**は次のうちどれか。

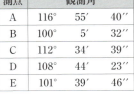

測点	観測角		
A	116°	55′	40″
B	100°	5′	32″
C	112°	34′	39″
D	108°	44′	23″
E	101°	39′	46″

(1) 103° 52′ 10″
(2) 103° 54′ 11″
(3) 103° 56′ 12″
(4) 103° 58′ 13″

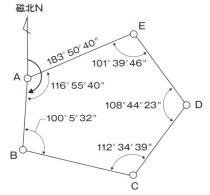

● 観測結果の読み方の基本

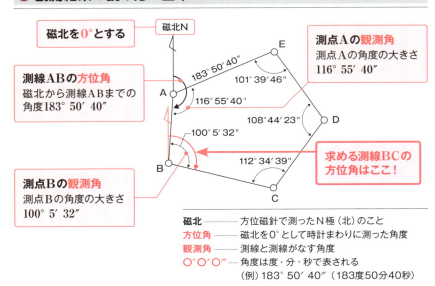

磁北をを0°とする

測線ABの方位角
磁北から測線ABまでの角度183°50′40″

測点Bの観測角
測点Bの角度の大きさ100°5′32″

測点Aの観測角
測点Aの角度の大きさ116°55′40″

求める測線BCの方位角はここ！

磁北────方位磁針で測ったN極（北）のこと
方位角───磁北を0°として時計まわりに測った角度
観測角───測線と測線がなす角度
○°○′○″──角度は度・分・秒で表される
　　　　　　（例）183°50′40″（183度50分40秒）

242

● 例題の解答手順

測線BCの方位角を求めるには，点Bに対しても磁北を書き加えるとよい。

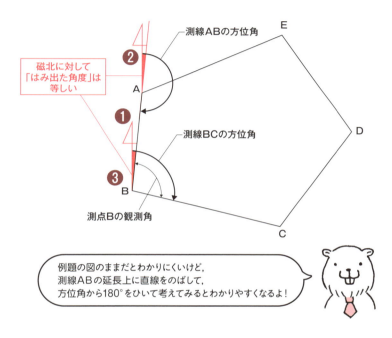

- 手順❶　測点Bにも磁北を書き入れる。
- 手順❷　測線ABの延長上に直線をのばして，測線ABの方位角から180°をひいてはみ出た部分を求める。
  183°50′40″ − 180° = 3°50′40″
- 手順❸　図のはみ出た部分（赤い部分）の角度は等しいので，測点Bの観測角に❷を加える。
  100°5′32″ + 3°50′40″ = 103°55′72″
- 手順❹　角度の度・分・秒を正しく直すと※　103°56′12″　となる。
  ※1度（1°）：1円の1/360，1分（1′）：1度の1/60，1秒（1″）：1分の1/60

【正解】(3)

トラバース測量の問題の解き方

②閉合比を求める

【例題】　トラバース測量において下表の観測結果を得た。閉合誤差は0.007mである。**閉合比**は次のうちどれか。
ただし，閉合比は有効数字4桁目を切り捨て，3桁に丸める。

測線	距離 I (m)	方位角			緯距 L (m)	経距 D (m)
AB	37.373	180°	50′	40″	−37.289	−2.506
BC	40.625	103°	56′	12″	−9.785	39.429
CD	39.078	36°	30′	51″	31.407	23.252
DE	38.803	325°	15′	14″	31.884	−22.115
EA	41.378	246°	54′	60″	−16.223	−38.065
計	197.257				−0.005	−0.005

閉合誤差＝ 0.007m

(1)　1／26100
(2)　1／27200
(3)　1／28100
(4)　1／29200

● 閉合トラバースかどうかの見極め

設問の表「測線」の項目に注目すると，測線AB～EAとなっており，点Aを出発して，順次点Bから点Eを経て，再び点Aに戻っていることから，「**閉合トラバース**」であることがわかる。

閉合トラバースの場合，出発点と到着点が同じ点なので，緯距（北方向を正とする南北方向の距離）や経距（東方向を正とする東西方向の距離）の合計は0となるべきだが，観測誤差のためそうはならない。

緯距の合計と経距の合計をそれぞれ二乗して加えた値の平方根を閉合誤差といい，これが小さいほど測量の精度が高いといえる。

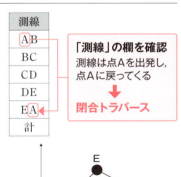

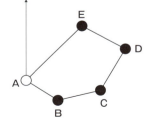

● 閉合比の求め方

閉合比を求める式は次のとおり。

閉合誤差 ÷ 測線の距離の合計 ＝ 閉合比

● 例題の解答手順

設問から条件を確認する。

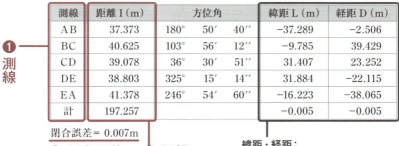

手順❶　測線の項目から閉合トラバースだということがわかる。

手順❷　例題の表の欄外の記述から，閉合誤差が0.007mだとわかる。

手順❸　距離Ⅰの合計が197.257であることがわかる。

手順❹　閉合比は，閉合誤差÷測線の距離の合計から求められるので，手順❷❸より，0.007÷197.257 となる。

手順❺　さらに選択肢がすべて　1／○○○　と分数の形になっているので，分母の○○○を求めるために，閉合比の逆数を計算する。
197.257÷0.007＝28179.57…

手順❻　例題文より，「閉合比は有効数字4桁目を切り捨て，3桁に丸める」とあるので，4桁目の7を切り捨て有効数字3桁に丸めると1／28100となる。

【正解】(3)

1.3 水準測量

水準測量とは，**レベル**と**標尺**（**スタッフ**）を用いて2点間の高低差を求め，各地点の標高を測定する方法である。図のように，地点と地点の間にレベルを水平に設置し，それぞれの地点に立ててある標尺の目盛を読み取る。

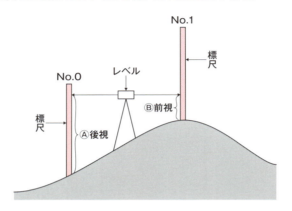

1.3.1 水準測量の観測方法 ★★★

水準測量を行う場合，観測点（レベル設置地点）から後ろを見ることを**後視**（Ⓐ），前を見ることを**前視**（Ⓑ）という。それぞれの測定結果を野帳（測量結果を記入する専用のノート）に記入し，記録から高低差を求める。

観測例 ※下表は，右の【例題】の観測結果になっています。解答のヒントとしてください。

測点	距離	後視 (m)	前視 (m)	高低差 昇 (＋)	高低差 降 (－)	地盤高 (m)
No.0	－	1.5				12.0
No.1	－	1.2	2.0		0.5	11.5
No.2	－	1.9	1.8		0.6	10.9
No.3	－		1.6	0.3		11.2

測点No.1は，測点No.0にとっての前視であり，測点No.2にとっての後視であることに注意！

246

水準測量の問題の解き方

【例題】 下図のようにNo.0からNo.3までの水準測量を行い，図中の結果を得た。**No.3の地盤高**は次のうちどれか。なおNo.0の地盤高は12.0mとする。

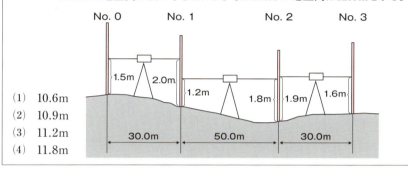

(1) 10.6m
(2) 10.9m
(3) 11.2m
(4) 11.8m

● 水準測量の地盤高の求め方

基準点（測点No.1）から始めて，後視と前視から得られる高低差を順に計算し，No.3の測点の地盤高を求める。

（測点No.0の地盤高＋測点No.0の後視）− 前視 ＝ 測点No.1の地盤高

● 例題の解答手順

例題文より，「No.0の地盤高は12.0m」であることがわかっている。
測点No.0〜No.3の順に，後視，前視の観測結果（前ページ**1.3.1**の観測例を参照）を野帳に記入し，各点の高低差と地盤高を計算により求める。

手順 ❶ 測点 No.1の地盤高を求める。
12.0m（測点 No.0の地盤高）＋ 1.5m（測点 No.0の後視）＝ 13.5m
13.5m − 2.0m（測点 No.1の前視）＝ 11.5m

手順 ❷ 測点 No.2の地盤高を求める。
11.5m（測点 No.1の地盤高）＋ 1.2m（測点 No.1の後視）＝ 12.7m
12.7m − 1.8m（測点 No.2の前視）＝ 10.9m

手順 ❸ 測点 No.3の地盤高を求める。
10.9m（測点 No.2の地盤高）＋ 1.9m（測点 No.2の後視）＝ 12.8m
12.8m − 1.6m（測点 No.3の前視）＝ 11.2m

【正解】(3)

2. 契約・設計

> 要点整理

公共工事標準請負契約約款

- 設計図書とは，図面，仕様書，現場説明書および現場説明に対する質問回答書をいう
- 現場代理人，監理技術者等（監理技術者，監理技術者補佐または主任技術者）および専門技術者は，これを兼ねることができる
- 受注者は，工事の全部もしくはその主たる部分を一括して第三者に請け負わせてはならない
- 工事材料の品質が設計図書に明示されていない場合は，中等の品質のものとする
- 受注者は，不用となった支給材料または貸与品を発注者に返還する
- 発注者は，必要があると認められるときは，設計図書の変更内容を受注者に通知して，設計図書を変更できる
- 発注者は，工事完成検査において，必要があると認められるときは，その理由を受注者に通知して，工事目的物を最小限度破壊して検査できる（費用は受注者負担）

橋の構造（各部名称）

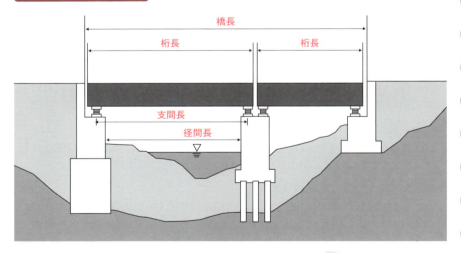

2.1 公共工事標準請負契約約款

　建設工事においては，発注者と受注者（請負業者）の間で合意に達すると，両者の間で工事の請負契約が締結される。公共工事の契約では，公共工事標準請負契約約款（以下，「約款」）が用いられる。これは，公共工事における契約関係の明確化・適性化のために当事者間の権利義務を定めたものである。

❶ 基本的事項　　★★★

　発注者および受注者は，約款（契約書を含む）にもとづき，**設計図書**にしたがい契約を履行しなければならない。設計図書とは，**図面**，**仕様書**，**現場説明書**およびこれらに対する**質問回答書**をいう。設計図書の内訳は表のとおり。

図面	発注者の意思を一定の規約にもとづいて図示した書面（通常「設計図」を指す）。なお，図面をもとに資材および労務数量を示した積算根拠をまとめたもの（数量計算書）を含む
仕様書	施工に必要な工事の基準を詳細に説明した書面。「**共通仕様書**」と「**特記仕様書**」がある ※各作業の順序，使用材料の品質，数量，仕上げ，規格値等が記載されている
現場説明書	工事の入札に参加する者に対して，発注者が当該工事の契約条件等を説明するための書類
質問回答書	図面，仕様書，現場説明書の不明確な部分に関する入札者の質問に対し，発注者が全入札者に回答した書面

過去には，設計図書に対する誤った選択肢として「施工計画書」「見積書」「実行予算書」が出されたよ！表にある4つの設計図書をしっかり覚えておけば何が間違っているかわかるよね!?

❷ 施工体制 ★★☆

発注者と受注者は，次の役割の者を工事現場に配置する。

発注者

- **監督員**
発注者側の工事担当者。工事施工上の協議・指示などは監督員を通して行う

受注者

- **現場代理人**
請負人の代理人として工事の施工に関する一切の事項を処理し，通常現場に常駐する者

5,000万円※以上の場合

- **監理技術者**
下請け工事の総額が一定規模以上の場合に現場ごとに置く技術者。監理技術者補佐を選任で配置した場合は，監理技術者は2つの現場を兼任できる

5,000万円※未満の場合

- **主任技術者**
建設業者が工事現場ごとに置く，建設工事の施工の技術上の管理をつかさどる技術者

※下請契約の請負代金の総額が5,000万円以上
（建築一式工事の場合は8,000万円以上）

配置に関しては，約款に次のように定められている。

Check!!

- 現場代理人は，工事現場に常駐し，現場の運営・取締りを行うほか，請負代金額の変更等の一部の権限を除き，契約にもとづく一切の権限を行使できる
- 発注者は，現場代理人の現場運営，取締りおよび権限の行使に問題がなく，発注者との連絡体制が確保される場合には，現場代理人の常駐を要しないこととすることができる
- 現場代理人，監理技術者等（監理技術者，監理技術者補佐または主任技術者）および専門技術者は，これを兼ねることができる

❸ 発注者・受注者間の規定 ★★★

約款における規定のなかで，よく出題される内容は次ページの表のとおり。

用語
支給材料
発注者が受注者に支給する工事材料

用語
貸与品
発注者が受注者に貸与する建設機械

項目	内容
一括下請負の禁止	・受注者は，工事の全部もしくはその主たる部分を一括して第三者に請け負わせてはならない
工事材料の品質・検査	・工事材料の品質が設計図書に明示されていない場合は，中等の品質のものとする ・設計図書において，監督員の検査を受けて使用すべきものと指定された工事材料の検査に直接要する費用は，受注者の負担とする ・受注者は，工事現場内に搬入した工事材料を監督員の承諾なしに工事現場外に搬出してはならない
支給材料・貸与品	・受注者は，不用となった支給材料または貸与品を発注者に返還する
工事用地の確保	・発注者は，工事用地その他設計図書において定められた工事の施工上必要な用地を受注者が工事の施工上必要とする日までに確保する
条件・設計図書の変更	・受注者は，次に該当する事実を発見したときは，直ちに監督員に通知し，確認を受ける ①図面，仕様書，現場説明書および現場説明に対する質問回答書が一致しない場合 ②設計図書に誤りまたは漏れがある場合 ③設計図書の表示が不明確な場合 ④工事現場の形状，地質，湧水等の状態，施工上の制約等について，設計図書に示された施工条件と実際の工事現場が一致しない場合 ・発注者は，必要があると認められるときは，設計図書の変更内容を受注者に通知して，設計図書を変更できる（工期・請負代金を変更し，受注者に損害を及ぼしたときに必要な費用は発注者負担） ・受注者は，工事の施工部分が設計図書に適合しない場合，監督員がその改造を請求したときは，当該請求に従わなければならない
工事の中止 工期の延長・短縮	・発注者は，受注者の責めによらない理由（天災等により工事目的物等に損害が生じたり，工事現場の状況が変動した場合など）により工事の施工ができないときは，工事の中止内容を直ちに受注者に通知し，工事の全部または一部の施工の一時中止を命じる ・発注者は，特別の理由により工期を短縮する必要があるときは，工期の短縮変更を受注者に請求できる
検査・引渡し	・発注者は，工事完成検査において，必要があると認められるときは，その理由を受注者に通知して，工事目的物を最小限度破壊して検査できる（検査・復旧に直接要する費用は受注者負担）

2.2 設計

設計では，橋の構造・ブロック積擁壁・道路橋・逆T字型擁壁の各部名称が問われる。

❶ 橋の構造 ★★☆

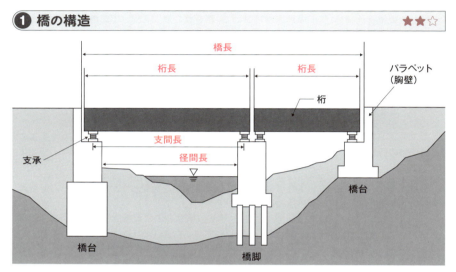

橋長：両端の橋台のパラペット（胸壁）前面区間の橋中心線の長さ
桁長：上部構造の長さ

支間長：主桁など橋の主構造の支点（支承中心）間の区間あるいはその水平距離
径間長：橋脚や橋台の前面同士の区間，およびその区間の長さ

❷ ブロック積擁壁 ★☆☆

L1：擁壁の直高
L2：地盤面からの高さ
N1：裏込め材
N2：裏込めコンクリート

ここ3年は❶と❷が交替で出題されているよ

③ 道路橋 ★★☆

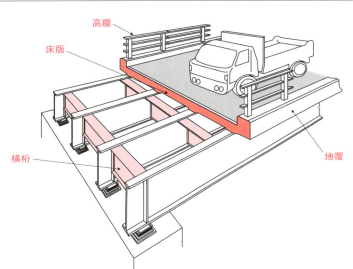

高欄：一般的には歩道・自転車の逸脱を防止する柵を高欄，自動車の逸脱を防止する柵を防護柵というが，総称して高欄と呼ぶことも多い

地覆：橋の側端部に道路面より高く段差をつけた縁どりの部分。防護柵や標識等の基礎，路面集水などの機能がある

横桁：横軸に対して横方向に設けられた桁で，主桁にかかる荷重を分散する

床版：橋面舗装を介して輪荷重を受け，桁に荷重を伝達する。材料・構造により，鋼床版・RC床版・鋼コンクリート合成床版・PCプレキャスト床版などがある

④ 逆T字型擁壁 ★★☆

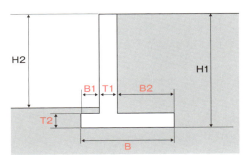

B ：底版幅
B1：つま先版幅
B2：かかと版幅
T1：たて壁厚
T2：底版（つま先版，かかと版）厚
H1：擁壁高
H2：地表からの高さ（地上高）

一問一答チャレンジ

❶	設計図書とは，図面，仕様書，契約書，現場説明書および現場説明に対する質問回答書をいう。	✕
❷	現場代理人，主任技術者（監理技術者）および専門技術者は，これを兼ねることができない。	✕
❸	工事材料の品質については，設計図書にその品質が明示されていない場合は，上等の品質を有するものでなければならない。	✕
❹	発注者は，特別の理由により工期を短縮する必要があるときは，工期の短縮変更を受注者に請求することができる。	◯
❺	発注者は，工事完成検査において，工事目的物を最小限度破壊して検査することができる。	◯
❻	L1は擁壁の直高，N1は裏込めコンクリートである。	✕

【解説】

❶設計図書に契約書は含まれない。

❷現場代理人，主任技術者（監理技術者）および専門技術者は，これを兼ねることができる。

❸工事材料の品質は，設計図書に明示されていない場合は中等の品質を有するものとする。

❻L1は擁壁の直高で合っているが，N1は裏込め材である。

第7章 施工管理法

　施工管理は，目的構造物を所定の期間内に，所定の予算内で，所定の品質を満足するように行います。施工計画のもとに，施工が計画に沿って進捗しているかどうかを管理し（工程管理），施工した構造物が所定の形状や性能を有しているかどうかを管理する（品質管理）などの，建設工事の施工に関する管理の総称です。まさに，施工管理技士の職務そのものに該当し，試験では必須解答の分野です。

　本章では，施工管理のプロセスのうち，試験で出題される箇所に絞り込んで解説します。

施工管理法のキソ知識 ……………………………… 256
施工管理法分野の出題傾向 ………………………… 258
1. 施工計画 ……………………………………………… 260
2. 工程管理 ……………………………………………… 266
3. 安全管理 ……………………………………………… 274
4. 品質管理 ……………………………………………… 288
5. 環境保全・建設リサイクル ……………………… 299

勉強を始める前におさえておきたい

施工管理法のキソ知識

施工管理法とは，土木施工管理技術検定試験における分野のひとつであり，施工管理技士補になるにあたって基礎的な能力があるかどうかを判断するものです。ここでは，その概要について解説します。

● 建設工事と施工管理の関係

建設工事の企画から完成・引渡しまでのプロセスは，下図のとおりである。施工管理は工事施工中に行われ，工事目的物を完成させるため，十分検討された施工計画のもとに，施工手段を用いて工事を施工し完成させて引き渡すまでの管理を指す。

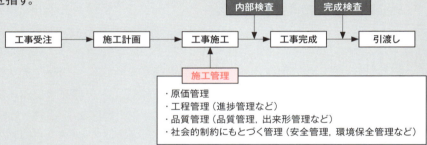

● 施工管理に含まれるさまざまな管理項目

施工管理には，施工管理の三大管理（次ページで解説）を含め，いくつか種類（管理項目）があり，それぞれの概要は表のとおりである。

原価管理	所要原価を適正に把握・計算し，生産工程を合理化して原価をコントロールすること
工程管理	決められた工期内に，指示された品質・精度で，最も能率的かつ経済的な工事施工を計画的に管理すること
品質管理	指示された形状と規格を満足するような構造物を最も経済的につくるための品質の管理体系
出来形管理	構造物が設計図書に示す形状・寸法に適合するように，出来形を管理すること
安全管理	工事現場における労働災害を未然に防ぐために行う諸活動の管理
環境保全管理	建設工事などによる環境への影響を低減するための取り組み

● 施工管理の三大管理の相互関係

工事施工における工程管理，品質管理，原価管理（＝施工管理の三大管理）の相互関係を図にすると，次のようになる。

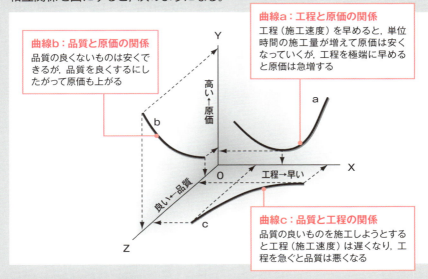

曲線b：品質と原価の関係
品質の良くないものは安くできるが，品質を良くするにしたがって原価も上がる

曲線a：工程と原価の関係
工程（施工速度）を早めると，単位時間の施工量が増えて原価は安くなっていくが，工程を極端に早めると原価は急増する

曲線c：品質と工程の関係
品質の良いものを施工しようとすると工程（施工速度）は遅くなり，工程を急ぐと品質は悪くなる

● 施工管理の手順

施工管理をきちんと実行するには手順がある。

すべての施工管理は，管理項目が違っても，計画（Plan），実施（Do），検討（Check），処置（Act）の4つの段階をサイクル的に繰り返し実行することによって適切に実施される。この4つの段階は，PDCAサイクルと呼ばれ，整理すると図のようになる。

施工管理は，このサイクルの繰り返しにより適正に実施されるものである。その良し悪しは，現場の施工管理者の知識と経験の蓄積によるところが大きい。

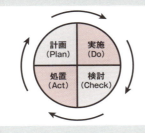

第1段階：計画を立てる（Plan）
第2段階：計画にもとづき実施する（Do）
第3段階：実施した結果と計画を比較して検討する（Check）
第4段階：検討した結果をもとに，適切な処置を施す（Act）

施工管理法分野の出題傾向

施工管理法分野は「施工計画」「工程管理」「安全管理」「品質管理」「環境保全・建設リサイクル」の5つから15問出題され，すべて必須問題です。後半の8問（R6年度からはNo.59～66）では，「基礎的な能力」が問われ，語句の組合せや適当な文章の数・組合せを選ぶ問題となります。前半と出題形式は変わりますが，問われている内容は同じなので，ここで解説する内容をしっかりとおさえておけば解くことができます。

施工管理法は必須問題！
しっかり勉強して得点しよう

【過去15回の出題内容】 ※表中の数字は試験に出題されたときの問題番号です。

1. 施工計画 … 3問

No.	出題項目分類	R6 後	R6 前	R5 後	R5 前	R4 後	R4 前	R3 後	R3 前	R2 後	R2 前	R元 後	R元 前	H30 後	H30 前	H29 後	H29 前
1.1	施工計画の基本	52		47				54		48		47				47	
1.2	事前調査		52		47			54					47	47	47		47
1.3	仮設備計画		59			47	47 54	47	47	47			48	48			48
※1	土工の施工計画（建設機械の作業量，作業効率）	59 60		54 55	55	54 55	55	55	55	49		49	49	49	49	48※ 49	49
※2	施工体制台帳・施工体系図		60		54					48			48				

※コンクリートの打込みに関する内容。詳しくは「第2章 コンクリート」にて解説しています。
※1は「第1章 土工 5.2建設機械の選定」，※2は「第5章 法規 3.3施工体制台帳・施工体系図」にて解説しています。

- 施工計画作成の手順・留意事項
- 現場の事前調査
- 仮設備・仮設工事

2. 工程管理 … 2問

No.	出題項目分類	R6 後	R6 前	R5 後	R5 前	R4 後	R4 前	R3 後	R3 前	R2 後	R2 前	R元 後	R元 前	H30 後	H30 前	H29 後	H29 前
2.1	工程管理の基本			56				56	56			56		50			50
2.2	各工程表の特徴	61	61			56	56			56			50	50	50	50	
—	ネットワーク式工程表の計算問題	62	62	57	57	57	57	57	57			51	51	51	51	51	51

- 工程管理の留意事項
- 各工程表の特徴
- ネットワーク式工程表の計算

3. 安全管理 … 4問

No.	出題項目分類		R6後	R6前	R5後	R5前	R4後	R4前	R3後	R3前	R2後	R2前	R元後	R元前	H30後	H30前	H29後	H29前
3.1	安全管理体制と危険防止措置									58					52			
3.2	足場の安全管理		63			58		58	58	58			53	52 53	53	53	53	53
3.3	型枠支保工の安全管理			63			58				52				52			
3.4	地山の掘削の安全管理						48	48	48	48	53				54	54	54	54
3.5	建設機械の安全管理	車両系建設機械の留意事項	64			59	59			59	54			54				
		移動式クレーンの留意事項		64	59				59		59		54			52		
3.6	コンクリート造工作物解体の危険防止		54	54	49	49	49	49	49	49	55		55	55	55	55	55	55
3.7	保護具の着用と使用		53	53	48	48							52					52

ここを問われる！
- 高さ2m以上の足場の安全管理
- 型枠支保工の安全管理
- 地山の掘削時の安全管理
- 移動式クレーンの安全管理
- 高さ5m以上のコンクリート造工作物解体時の危険防止
- 保護具が必要な作業と使用時の留意事項

4. 品質管理 … 4問

No.	出題項目分類		R6後	R6前	R5後	R5前	R4後	R4前	R3後	R3前	R2後	R2前	R元後	R元前	H30後	H30前	H29後	H29前
4.1	品質管理の基本	品質管理の一般事項					50											
		品質管理の手順			50					50						56		
		品質特性と試験方法	55			50		50	50		56				56			
4.2	ヒストグラム			65				60		60			57	57		57	57	57
4.3	管理図		65	55	60	60	60		60		57		56	56	57			
4.4	盛土の品質管理		66	66	61	61	61	61	61	61	58		58	58	58	58	58	58
4.5	レディーミクストコンクリートの品質管理		56	56	51	51	51	51	51	51	59		59	59	59	59	59	59

ここを問われる！
- 品質特性と試験方法
- ヒストグラム・$\bar{x}$-R管理図の特徴
- 盛土・レディーミクストコンクリートの品質管理

5. 環境保全・建設リサイクル … 2問

No.	出題項目分類	R6後	R6前	R5後	R5前	R4後	R4前	R3後	R3前	R2後	R2前	R元後	R元前	H30後	H30前	H29後	H29前
5.1	環境保全対策	57	57	52	52	52	52	52	52	60		60	60	60	60	60	60
—	建設リサイクル法（特定建設資材等）	58	58	53	53	53	53	53	53	61		61	61	61	61	61	61

ここを問われる！
- 騒音・振動対策の基本・低減対策
- 特定建設資材

259

1. 施工計画

要点整理

施工計画作成の留意事項

- 施工計画は，企業内の組織を活用して，全社的な技術水準で検討する
- 施工計画は，従来の経験だけで満足せず，新しい工法，新しい技術を積極的に取り入れる
- 施工計画は，経済性，安全性，品質の確保を考慮して検討する
- 施工計画は，複数の案を立てて比較検討する

現場の事前調査

- 工事内容の把握のため，設計図書（設計図面や仕様書）の内容などの調査を行う
- 自然条件の把握のため，地質，地下水，湧水などの調査を行う
- 近隣環境の把握のため，現場周辺の状況，近隣施設，地下埋設物，交通量などの調査を行う
- 労務，資機材の把握のため，労務の供給，資機材の調達先などの調査を行う
- 輸送の把握のため，道路の状況，運賃および手数料，現場搬入路などの調査を行う

仮設備・仮設工事

- 仮設備は目的とする構造物を建設するために必要な工事用施設で，原則として工事完成後に取り除かれる
- 仮設備は使用目的や期間に応じて構造計算を行い，労働安全衛生規則の基準に合致させる
- 仮設工事には指定仮設と任意仮設があり，指定仮設は契約変更の対象となるが，任意仮設は契約変更の対象とならない
- 仮設工事には直接仮設工事と間接仮設工事がある。現場事務所や労務宿舎などは間接仮設工事である

1.1 施工計画の基本

　施工計画の目的は，設計図書にもとづき，施工手段を効率的に組み合わせて環境保全を図りつつ，適切な品質の目的構造物を最小の価格で工期内に安全に完成させることにある。

1.1.1 施工計画の手順

　施工計画を作成する場合の一般的な手順は，次のとおり。

---

❶ 事前調査の実施　→ 1.2 事前調査

施工計画立案の前提として事前調査を行い，現場を把握する
- 契約条件の確認（設計図書（＝設計図面や仕様書）の確認など）
- 現場条件の調査（自然条件，資機材，輸送，近隣環境など）

▼

❷ 基本計画の作成

主要な工種について，施工方法の概略および施工手順の技術的検討と経済性の比較を行う

▼

❸ 詳細計画の作成

基本計画にしたがって，計画をさらに具体化。工事全体を包括した工種別詳細工程を立案する
- 機械の選定，人員配置，各工種の作業順序など
- 仮設備計画（工事施工のために必要となる臨時的な施設の計画）
　→ 1.3 仮設備計画
- 調達計画（労務，資材，機械の計画）
- 実行予算　　　　　　　　　　　　　　　　　　　　　　　　　　など

▼

❹ 管理計画の作成

立案した計画を確実に実施するために，工事管理のための諸計画を作成する
- 品質管理計画（出来形や強度などが設計図書どおりになるための計画）
- 安全衛生計画（労働者や第三者の安全を守るための計画）
- 環境保全計画（地域の生活環境や工事周辺環境を保全するための計画）　など

1.1.2 施工計画作成時の留意事項

施工計画の手順に沿って，施工計画を作成するときの留意事項は次のとおり。

> **Check!!**
> - 発注者の要求品質を確保するとともに，安全を最優先にした施工計画とする
> - 施工計画の決定にあたっては，従来の経験のみで満足せず，常に改良を試み，新しい工法，新しい技術を積極的に取り入れる
> - 過去の実績や経験だけでなく，新しい理論や新工法を総合的に検討して，現場に最も合致した施工計画を大局的に判断する
> - 施工計画の検討にあたっては，関係する現場技術者に限定せず，できるだけ会社内の他組織の協力も得て，全社的な技術水準を活用する
> - 手持資材や労働力および機械類の確保状況などによっては，発注者が設定した工期が必ずしも最適工期になるとは限らないので，契約工期内に収まり経済的となる工程を検討する
> - 施工計画を決定する場合は，1つの計画のみでなくいくつかの代替案をつくり，経済性，施工性，安全性などの長所短所を比較検討して，最も適した計画を採用する

発注者が設定する工期は標準的な条件で見積もられたもの。
状況によっては，発注者から指示された工期が必ずしも最適とは限らないけど，契約した工期の中で経済的な工程を検討するよ！

1.2 事前調査

建設工事は単品受注生産で，一つ一つが新しい仕事であるため，その都度その工事に適した施工法を選定しなければならない。したがって，目的構造物の設計図書について精通するとともに，事前調査を行い，契約条件や現場条件を十分理解して工事にのぞむ必要がある。

また，現場の自然環境，気象条件および立地条件などを事前に十分調査・把握することが，安全で確実な施工計画の立案や適切な工事価格の見積り，さらには工事全体の成功につながる。

1.2.1 契約条件の確認 ······················· ★☆☆

　施工計画を作成するにあたっては，現場で考えられるあらゆる事態に適切に対処できるよう，まず，**契約図書**（契約書および**設計図書**（＝設計図面や**仕様書**））の内容を精査し，工事の目的ならびに契約金額，目的構造物に要求されている品質，工期について十分理解しておく必要がある。

　なお，契約内容に疑問がある場合は，発注者に問い合わせ，あるいは協議し，文書を交換して，契約の範囲や責任の範囲を明瞭にしておく必要がある。

用語

設計図書
図面，仕様書，現場説明図およびこれらに対する質問回答書

用語

仕様書
各工事に共通する共通仕様書と，各工事ごとに規定される特記仕様書の総称

1.2.2 現場条件の調査 ······················· ★★☆

　現場条件の事前調査（現地調査）の結果がその後の施工計画の良否を決めるので，個々の現場に応じた適切な事前調査を実施する必要がある。現場調査の一般的な項目は，次のとおりである。

自然・気象条件の把握	・地形・地質・土質・地下水・湧水（設計との照合も含む） ・施工に関係のある水文気象データ
仮設計画の立案	・施工方法，仮設方法・規模，施工機械の選択方法
資機材の把握	・材料の供給源（調達先）と価格および運搬路
輸送の把握	・道路の状況，運賃および手数料，現場搬入路
近隣環境の把握	・工事によって支障を生ずる問題点 ・隣接工事の状況 ・近隣施設の状況 ・交通量の状況 ・騒音，振動などに関する環境保全基準，各種指導要綱の内容 ・文化財および地下埋設物などの有無
建設副産物の適正処理	・建設副産物の処理方法・処理条件など

1.3 仮設備計画

工事施工のために必要な工事施設を仮設備といい，その仮設備を準備する計画を仮設備計画という。

1.3.1 仮設備計画の要点 ······································· ★★☆

仮設備と仮設備計画を立てる上での要点のうち，おもなものは次のとおり。

--- Check!! ---

- 仮設備は，一時的なものである。工事完成後，原則として取り除かれる

- 仮設備については，一般に，指定された設計図があるわけではないため，施工業者による工夫，改善の余地が残されており，工事規模に対して過大・過小とならないよう十分検討し，必要でかつムダのない合理的な計画とする

- 仮設備は，その使用目的，使用期間等に応じて，作業中の衝撃・振動を十分考慮に入れた設計荷重を用いて強度計算を行うとともに，労働安全衛生規則などの基準に合致するように設計する

- 材料は一般の市販品を使用し，可能な限り規格を統一することで，他工事への転用も容易になる

1.3.2 指定仮設と任意仮設 ······································ ★★☆

仮設備は，契約上の取扱いによって，指定仮設と任意仮設に分かれる。

指定仮設	・土留め，締切り，築島など，特に大規模で重要な工程・特殊な工程がある場合に，本工事と同様に，発注者が設計仕様，数量，設計図面，施工方法，配置などを指定する ・仮設備の変更が必要となった場合には，契約変更の対象となる
任意仮設	・仮設備の経費は契約上一式計上され，構造について条件は明示されず，どのようにするかは施工業者の自主性と企業努力にゆだねられている ・施工業者の工夫次第で，経済性，安全性，品質，工程などに改善の余地が多い ・契約変更の対象とならない

1.3.3 直接仮設と共通仮設 ······································ ★★☆

仮設備工事は，本工事施工のために直接必要な足場や仮締切り，安全施設などの直接仮設工事と，現場事務所や労務宿舎などの仮設建物のような工事の遂行に間接的に必要な間接仮設工事（共通仮設工事）に区分される。

chapter **7**

一問一答チャレンジ

❶	調達計画は，労務計画，資材計画，機械計画を立てることがおもな内容である。	○
❷	仮設備計画は，仮設備の設計や配置計画，安全衛生計画を立てることがおもな内容である。	×
❸	施工計画は，過去の同種工事だけでなく，新しい工法や新技術も考慮して検討する。	○
❹	工事内容の把握のため，事前調査として，現場事務所用地，設計図書および仕様書の内容等の調査を行う。	×
❺	直接仮設工事と間接仮設工事のうち，現場事務所や労務宿舎等の設備は，直接仮設工事である。	×
❻	仮設備は，使用目的や期間に応じて構造計算を行うので，労働安全衛生規則の基準に合致しなくてよい。	×
❼	材料は，一般の市販品を使用し，可能な限り規格を統一し，他工事にも転用できるような計画にする。	○
❽	仮設工事における指定仮設と任意仮設のうち，任意仮設では施工者独自の技術と工夫や改善の余地が多いので，より合理的な計画を立てることが重要である。	○

【解説】
❷安全衛生計画は，施工管理計画のおもな内容として，仮設備計画とは別に立てられる。

❹現場事務所用地は工事内容の把握には該当しない。

❺現場事務所や労務宿舎等の設備は，工事に直接関係しない間接仮設工事である。

❻仮設備の設計にあたっては，労働安全衛生規則の基準に合致するよう，必要に応じて構造計算を行う。

土工　コンクリート　基礎工　専門土木　法規　共通工学　施工管理法

265

2. 工程管理

要点整理

工程管理の留意事項

- 計画工程と実施工程の間に差が生じた場合は，その原因を追及して除去し，改善する
- 工程表は，常に工事進捗状況の把握や，予定と実績の比較ができるようにする
- 工程管理では，作業能率を高めるため，常に工程の進行状況を全作業員に周知徹底する
- 工程管理では，実施工程が工程計画よりも同じかやや上回る程度に管理する

各種工程表の特徴

工程表は，工事の施工順序と所要日数などをわかりやすく図表化したものである

名称		特徴
横線式工程表	バーチャート	各作業の必要日数を棒線で表した図表
	ガントチャート	各作業の出来高比率を棒線で表した図表
斜線式工程表		各作業の作業期間，着手地点，作業速度を斜線で表した図表
曲線式工程表	グラフ式工程表	各作業の出来高比率を斜線で表した図表
	出来高累計曲線	工事全体の出来高比率の累計を曲線で表した図表
	工程管理曲線	バナナ曲線ともいう。工程の進捗管理の指標とする図表
ネットワーク式工程表		工事内容を系統だてて作業相互の関連・順序や日数を表した図表

2.1 工程管理の基本

工程管理で行うべきことと，留意事項について解説する。

2.1.1 工程管理とは ★☆☆

工程管理とは，工事が施工計画どおりに進んでいるかを時間的に管理し必要な修正を図りつつ，進捗を管理することである。工程管理にあたっては，現場の状況変化に応じて，施工計画をあらゆる角度から評価・検討し，機械設備，労働力，資材，資金などを最も効果的に活用しなければならない。

2.1.2 工程管理の留意事項 ★★★

工程管理の実施にあたっては，下記のことに十分留意しなければならない。

─ Check‼ ─

- 計画工程と実施工程の間に差が生じた場合は，その原因を追及して除去し，改善する

- 工程表は，常に工事進捗状況の把握や，予定と実績の比較ができるようにする

- 工程管理では，作業能率を高めるため，常に工程の進行状況を全作業員に周知徹底する

- 工程管理では，実施工程が工程計画よりも同じかやや上回る程度に管理する。ただし，過度に進んでいる場合は無駄な経費の支出や品質・安全の軽視などの可能性があるため，注意が必要である

> 頻出事項なのでしっかり覚えておこう！

2.2 各工程表の特徴

工程表は，工程管理を行うために，工事の施工順序と所要日数などをわかりやすく図表化したものである。工程表には，横線式工程表，斜線式工程表，曲線式工程表，ネットワーク式工程表があり，何を把握したいかによって使い分ける。それぞれの特徴について紹介する。

2.2.1 横線式工程表

横線式工程表には，バーチャートとガントチャートがある。

❶ バーチャート ★★☆

バーチャートは，縦軸に**作業名**を示し，横軸にその作業の**必要日数**をとって**棒線**で表した図表である。現場では，作業相互の関連の手順を補助線で示したものが用いられることが多い。

【グラフの特徴】
- ○ 各作業の所要日数が一目でわかる
- △ 作業間の関連が漠然と把握できる
- × 工期に影響する作業が不明確

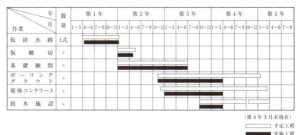

❷ ガントチャート ★★☆

ガントチャートは，縦軸に**作業名**を示し，横軸に**各作業の出来高比率**（作業完了時点を100%とした進捗度）をとって**棒線**で表した図表である。

【グラフの特徴】
- ○ 各作業のある時点での進捗度合いがよくわかる
- × 作業の予定や実績日数は表記されない

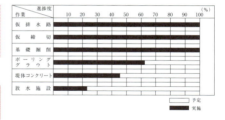

用語

出来高
工事の施工が完了した部分を金額に換算したもの

2.2.2 斜線式工程表 ★☆☆

斜線式工程表は，横軸に**区間**をとり，縦軸には**日数（工期）**をとって表した図表である。トンネル工事のように，工事区間が線上に長く，工事の進行方向が一定の方向にしか進捗できない工事の際に使用する。

【グラフの特徴】
- ○ 1本の斜線で各作業の作業期間，着手地点，進行方向，作業速度を示すことができる
- × 工期に影響する作業がわかりにくい

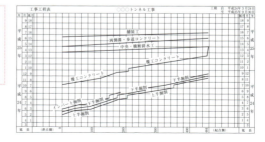

2.2.3 曲線式工程表

曲線式工程表には，**グラフ式工程表**，**出来高累計曲線**，**工程管理曲線**（**バナナ曲線**）がある。

❶ グラフ式工程表　★★☆

グラフ式工程表は，縦軸に**各作業の出来高比率**をとり，横軸に工事の時間的経過（日数，週数，月数などの**工期**）をとって，各作業の工程を斜線で表した図表である。

【グラフの特徴】
○ 各作業の予定と実績の差が一目でわかる
× 各作業の相互関連と重要作業がどれであるかについて不明確

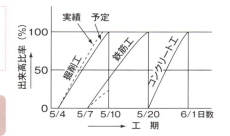

用語
出来高比率
各作業の出来高の工事費，総額に対する比率

❷ 出来高累計曲線　★★☆

出来高累計曲線は，縦軸に**工事全体の出来高累計**をとり，横軸に工事の時間的経過（日数，週数，月数などの**工期**）をとって，工事全体の出来高比率の累計を曲線で表した図表である。

一般に，出来高は工事の初期から中期に向かって増加し，中期から終期に向かって減少する（図1）。そのため，出来高累計曲線は変曲点をもつS型の曲線（Sカーブ）となる（図2）。

【グラフの特徴】
○ 工事全体の計画と実績を比較できるため，適切に工程管理が行える
× 必要な日数や工期に影響する作業はわからない

用語
出来高累計
ある時点での各作業の出来高を足し合わせたもの

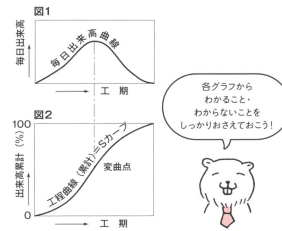

各グラフからわかること・わからないことをしっかりおさえておこう！

269

③ 工程管理曲線（バナナ曲線） ★★★

　工程管理曲線は，出来高累計曲線の振れ幅の下方限界と上方限界を過去の類似の仕事の出来高累計曲線をもとにして作成したもので，その形状から**バナナ曲線**と呼ばれる。縦軸に**出来高比率**をとり，横軸に**時間経過率**（日数）をとって，実績を図上にプロットして作成する。

　工事の実施工程曲線が，**上方許容限界曲線と下方許容限界曲線の間**にあれば，工事の進捗が**許容範囲内**であると判定できる。下方許容限界曲線の下にあると工程進捗が遅れていることがわかり，上方許容限界曲線の上にある場合は人員や機械の配置が多すぎるなど，計画に誤りがあることが考えられるので対策が必要となる。

【グラフの特徴】
○ 工事の進捗度合がわかりやすい
× 作業の手順が不明確で，作業に必要な日数や工期に影響する作業がつかみにくい

用語
実施工程曲線
工事の進捗にしたがって定期的に調査した実績の出来高曲線（実績曲線）

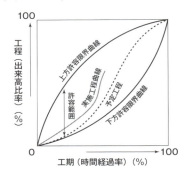

2.2.4 ネットワーク式工程表 ★★★

　ネットワーク式工程表は，工事内容を系統だてて**作業相互の関連**，**順序**や**日数**を表した図表である。工事全体を構成する各作業（部分工事）の施工順序，因果関係，施工時間（日数）などを明確にして，工事の流れ（作業経路）を，○や→などの記号を用いて図化したものである。

【グラフの特徴】
○ 作業相互の関連や順序，施工時期を的確に判断でき，全体工事と部分工事の関連が明確に表現できる
○ クリティカルパス（最長経路）を求めることにより，重点管理作業や工事完成日を予測できる
× 作成するのに専門的な知識が必要であり，データの作成や修正に手間がかかる

ネットワーク式工程表は毎年出題されているよ
P.272で実際の問題の解き方を説明するよ！

まとめ

各種工程表の比較

事項	横線式工程表 バーチャート	横線式工程表 ガントチャート	斜線式工程表	曲線式工程表 グラフ式工程表	曲線式工程表 出来高累計曲線	ネットワーク式工程表
作業の手順	漠然	不明	漠然	不明	不明	判明
作業に必要な日数	判明	不明	判明	判明	不明 ※バーチャートを併用すると判明	判明
作業進行の度合い	漠然	判明	判明	判明	判明	判明
工期に影響する作業	不明	不明	不明	不明	不明	判明
図表の作成	容易	容易	容易	容易	やや難しい	難しい
短期工事・単純工事	向	向	向	向	向	不向

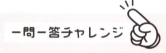

一問一答チャレンジ

❶	工程管理では，計画工程が実施工程よりも，やや上回る程度に進行管理を実施する。	×
❷	ガントチャートは，各作業の必要日数を棒線で表した図表である。	×
❸	グラフ式工程表は，工事内容を系統だてて作業相互の関連，順序や日数を表した図表である。	×
❹	出来高累計曲線は，工事全体の出来高比率の累計を曲線で表した図表である。	○

【解説】
❶工程管理では，適度な余裕をもって行うために，実施工程が計画工程と同じかやや上回る状態を維持するのが望ましい。
❷ガントチャートは，縦軸に作業名を示し，横軸に各作業の出来高比率を棒線で表した図表である。設問はバーチャートについての記述である。
❸グラフ式工程表は，横軸に工期をとり，縦軸に各作業の出来高比率をとって，工種ごとの工程を斜線で表した図表である。設問はネットワーク式工程表についての記述である。

ネットワーク式工程表問題の解き方

【例題】　下図のネットワーク式工程表について記載している下記の文章中の □ の(イ)〜(ニ)に当てはまる語句の組合せとして，**正しいもの**は次のうちどれか。ただし，図中のイベント間のA〜Gは作業内容，数字は作業日数を表す。

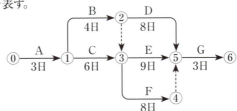

- □(イ)□ 及び □(ロ)□ は，クリティカルパス上の作業である。
- 作業Bが □(ハ)□ 遅延しても，全体の工期に影響はない。
- この工程全体の工期は，□(ニ)□ である。

	(イ)	(ロ)	(ハ)	(ニ)
(1)	作業B	作業D	3日	20日間
(2)	作業C	作業E	2日	21日間
(3)	作業B	作業D	3日	21日間
(4)	作業C	作業E	2日	20日間

● ネットワーク式工程表の読み方の基本

→ は作業を表す
作業Aの所要日数は3日である

○は作業と作業の結合点（分岐点）を表す
①は作業Aの終わりであると同時に作業BとCの始まりでもある。3日かかる作業Aが完了すれば，作業BとCが開始できると読む

工事の完成

---▶（破線）はダミーを表す
ダミーは実際の作業ではないので，名前はなく，日数は「0日」で数える。作業Gを始めるためには，その前の作業D，Eだけでなく，作業Fも終わっていなければならないような場合に使う

chapter **7**

● 出題で問われていること

❶ クリティカルパス上の作業

クリティカルパスとは，各ルートのうち最も長い日数を要する経路（最長経路）のことである。余裕がなく工期に一番影響を与えるため，重点的に管理する必要がある。クリティカルパスの見つけ方は，すべての経路を拾い出し，そのなかで最長の経路を求める。その経路上にある作業がクリティカルパス上の作業となる。

❷ 工期に影響を与える日数

クリティカルパスの日数がわかれば，その日数以内に収めればよいことがわかる。

❸ 工程全体の工期

全体工期＝クリティカルパスの日数となる。

● 例題の解答手順

クリティカルパスの見つけ方はいくつかあるが，すべての経路を拾い出し，各作業の所要日数を足し算する方法が確実である。ダミーは作業日数を0日として計算する。

a) ⓪→①→②→⑤→⑥　　　　 $3+4+8+3=18$
b) ⓪→①→②┄→③→⑤→⑥　　$3+4+0+9+3=19$
c) ⓪→①→②┄→③→④┄→⑤→⑥　$3+4+0+8+0+3=18$
d) ⓪→①→③→⑤→⑥　　　　$3+6+9+3=21$ ➡ クリティカルパス
e) ⓪→①→③→④┄→⑤→⑥　　$3+6+8+0+3=20$

- 経路 d）が，最長の所要日数 21 日でありクリティカルパスである。クリティカルパス上の作業は，①から⑤の区間では「作業C」および「作業E」である。
- 作業Bを含む経路は，経路 a）で所要日数は18日，経路 b）で所要日数は19日，経路 c）で18日である。よって，作業Bが遅延しても全体工期に影響がない日数は，「クリティカルパスの所要日数」と，上記経路のうち「所要日数が最も多い経路 b）の所要日数」との差の「2日」（21日−19日）である。
- クリティカルパスの経路 d）の所要日数が工程全体の工期であり，「21日間」である。

【正解】(2)

土工　コンクリート　基礎工　専門土木　法規　共通工学　**施工管理法**

273

3. 安全管理

要点整理

元方事業者／特定元方事業者

- 事業者のうち，1つの場所で行う事業で，その一部を請負人に請け負わせている者を元方事業者という
- 元方事業者のうち，建設業等の事業を行う者を特定元方事業者という

高さ2m以上の足場の安全管理

足場の箇所	規定値
作業床の手すりの高さ	85cm以上
作業床の幅	40cm以上
床材間の隙間	3cm以下
幅木の高さ	10cm以上 （物体の落下防止の場合）

型枠支保工の安全管理

- 使用する材料は，著しい損傷，変形または腐食があるものは使用しない
- 悪天候により危険が予想されるときは，労働者を従事させない

地山の掘削の安全管理

- 地山の崩壊等により労働者に危険を及ぼすおそれがあるときは，土止め（土留め）支保工を設け，防護網を張り，労働者の立入りを禁止するなどの措置を講じる

移動式クレーンの安全管理

- 定格荷重を超える荷重をかけて使用してはならない
- 軟弱地盤など転倒のおそれがある場所では，原則として作業を行ってはならない

高さ5m以上のコンクリート造工作物解体時の危険防止

- 強風，大雨，大雪等の悪天候のときは，作業を中止しなければならない
- 器具，工具等を上げ，または下ろすときは，つり綱・つり袋等を使用する
- 外壁，柱等の引倒しを行うときは，一定の合図を定め，関係労働者に周知する

3.1 安全管理体制と危険防止措置

建設業は他の業種に比べ事故が発生しやすく，施工管理において安全管理が特に重要となる。建設工事の現場では，事業場をひとつの適用単位として，各事業場の規模等に応じたルールが定められている。立場・役割ごとに安全管理を実施することで，安全な作業環境が形成できる。

3.1.1 安全管理体制

建設業は元方事業者（元方，元請），関係請負人（下請，孫請等）の複数の事業者が同一の場所に混在して仕事を行うことから，工事現場での労働災害防止のために次のような安全衛生管理体制が組まれる。

関係請負人の労働者を含めて常時50人以上となる大規模現場の例

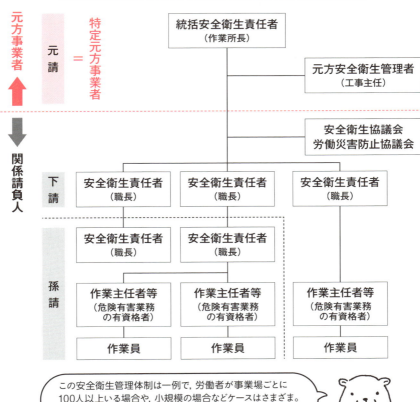

この安全衛生管理体制は一例で，労働者が事業場ごとに100人以上いる場合や，小規模の場合などケースはさまざま。規模によって選任される役割も変わるよ

元方事業者とは，事業者のうち，1つの場所で行う事業で，その一部を請負人に請け負わせているものを指す。また，関係請負人とは，元方事業者から仕事を請け負っているすべての下請負人のことを指す。

3.1.2 特定元方事業者の講ずべき措置 ★☆☆

　元方事業者のうち，前ページの例のように多くの労働者が同一場所で混在して作業を行う建設業および造船業を行う者を**特定元方事業者**※という。

　特定元方事業者は，関係請負人および関係請負人の労働者の作業が同一の場所において行われることによって生ずる労働災害を防止するため，次のような措置を講じなければならない。

※発注者から直接工事を請け負う者を一般に「元請」と呼び，特定元方事業者は元請に該当する

Check!!

- ☑ すべての関係請負人が参加する協議組織を設置し，その会議を定期的に開催する
- ☑ 特定元方事業者と関係請負人との間と，関係請負人相互間における連絡および調整を随時行う
- ☑ 毎作業日に，少なくとも1回は，作業場所の巡視を行う
- ☑ 関係請負人が行う労働者の安全または衛生のための教育について，教育を行う場所や教育に使う資料の提供等の指導および援助を行う

> 発注者と元請・下請の関係については，
> 「第5章 法規 3.1建設業法の基本事項」でも解説しているよ。
> また，安全管理体制のうち，「作業主任者」については
> 「第5章 法規 2.1作業主任者」で解説しているので確認しよう

3.2 足場の安全管理

事業者は，高さが5m以上の構造の足場の組立て，解体，変更の作業については足場の組立て等作業主任者技能講習を修了した者のうちから，「**足場の組立て等作業主任者**」を選任し，安全管理措置を行わせることとなっている。

足場とは，作業員を作業箇所の近くに接近させて，部材の取付け・取外し，塗装などの作業をさせるために設ける仮設の床と，その床を支持する支柱などの構造物を指す。足場（単管足場）の例は図のとおり。足場に関連する災害では墜落災害が圧倒的に多いため，さまざまなルールが定められている。

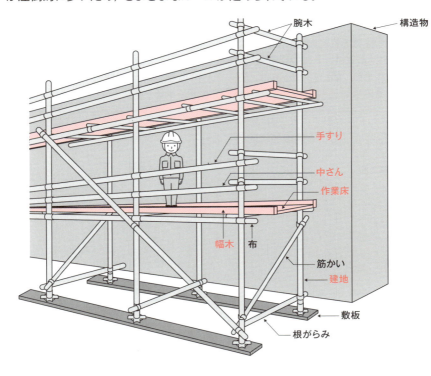

足場は使用する材料や構造から分類されていて，
単管足場のほかに，一側足場（1本の支柱を軸に設置），
枠組足場（たくさんの部材を組み合わせて設置）などがあるよ。
単管足場は低層建築向き，枠組足場は高層建築向き。
2級試験では単管足場の出題が多いよ！

3.2.1 足場（作業床）の規定値と留意事項 ★★★

足場（一側足場を除く）の高さが**2m**以上の作業場所には，事業者は，労働者を危険から守るため，また物体の落下を防ぐため，次のような要件を満たす足場（作業床）を設けなければならない。

> **Check!!**
>
> ✓ 事業者は，高さが**2m**以上の作業床の端，開口部等で墜落の危険のおそれがある箇所には，囲い，手すり，覆い等（これらをまとめて「囲い等」）を設ける
>
> ✓ 手すりには中さんを設置する
>
> ✓ 作業床から物体の落下を防ぐ幅木を設置する
>
> ✓ 囲い等を設けることが著しく困難なとき，または作業の必要上，臨時に囲い等を取り外すときは，下記の措置を講ずる
> - 作業床の端，開口部等に防網（安全ネット）を張る
> - 労働者に要求性能墜落制止用器具等を使用させる

足場の各箇所に関する規定値は図のとおり。

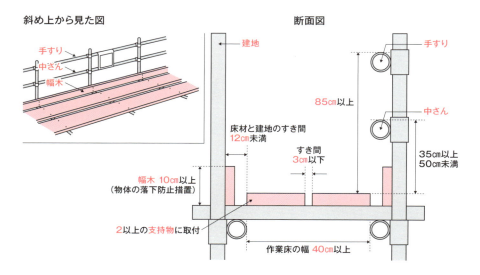

斜め上から見た図／断面図

> **Level Up**
>
> 高さ**5m**以上の足場の組立て，解体等の作業を行う場合は，足場の組立て等作業主任者が指揮を行う。

278

3.3 型枠支保工の安全管理

　型枠支保工とは，流し込んだコンクリートが設計どおりの形や強度になるよう組まれた型枠を，支柱を組んで下から支える仮設備である。これがあることで，コンクリートを流し込む際に，型枠が崩れない。型枠支保工は，図のように支柱，梁，筋かい等の部材によって構成される。

　型枠支保工に関連する災害では，構造的欠陥による倒壊が多く，その材料・組立て・解体等には十分注意しなければならない。

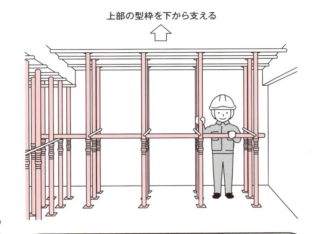

上部の型枠を下から支える

型枠支保工は型枠を下から支える仮設備。
土留め支保工（P.104）は土止め壁を側面から支える仮設備だよ

3.3.1 型枠支保工組立て等作業主任者

　事業者は，型枠支保工の組立て・解体の作業については，「**型枠支保工組立て等作業主任者**」を選任することになっている。おもな職務は次のとおり。

Check!!
- 作業の方法を決定し，作業を直接指揮する
- 材料の欠点の有無ならびに器具，工具を点検し，不良品を取り除く
- 作業中，要求性能墜落制止用器具等および保護帽の使用状況を監視する

3.3.2 型枠支保工の留意事項

型枠支保工には，コンクリート打設の際に大きな荷重がかかるため，安全でかつ確実に負担に耐えうる堅固なものでなくてはならない。労働安全衛生規則では，型枠支保工に関して詳細に規定されている。

❶ 材料・構造・組立図 ★★☆

型枠支保工の材料・組立てに関する留意事項は次のとおり。

Check!!
- 使用する材料は，著しい損傷，変形または腐食がないものであること
- 鋼材は，JIS（日本産業規格）に適合するものであること
- 型枠支保工は，型枠の形状，コンクリート打設の方法等に応じた堅固な構造であること
- 事業者は，型枠支保工を組み立てるときは，組立図を作成し，その組立図に従って組み立てること

❷ 一般的な留意事項 ★★☆

型枠支保工の組立て作業に関する留意事項は次のとおり。

Check!!
- 支柱の継手は，突合せ継手または差込み継手とする
- 事業者は，強風，大雨，大雪等の悪天候のため，作業の実施について危険が予想されるときは，労働者を従事させない
- コンクリートの打設作業を行うときは，その日の作業開始前に，型枠支保工を点検し，異常を認めたときは補修する

> 強風とは10分間の平均風速が10m/s以上
> 大雨とは1回の降雨量が50㎜以上
> 大雪とは1回の降雪量が25㎝以上　のことだよ
> 悪天候での作業は中止すると覚えておこう！

3.4 地山の掘削の安全管理

事業者は，掘削面の高さが2m以上となる明り掘削を行うときは，地山の掘削及び土止め支保工作業主任者技能講習を修了した者のうちから，「**地山の掘削作業主任者**」を選任しなくてはならない。地山の掘削作業主任者は，労働安全衛生規則の定めに従い安全管理上の措置をとる。また，作業の方法を決定し，作業を**直接指揮**することが義務付けられている。

> **用語**
> **明り掘削**
> トンネル工事以外の明り（外）で行う掘削工事

3.4.1 掘削前の事前調査

事業者は，地山の崩壊・埋設物等の損壊等による**危険**のおそれのあるときは，**あらかじめ**，作業箇所および周辺の地山について，次の事項を調査し，適切な掘削時期，順序を定めなくてはならない。

Check!!
- **形状**，**地質**および**地層**の状態
- **亀裂**，含水，湧水および凍結の有無およびその状態
- 埋設物等の有無およびその状態
- 高温の**ガス**または**蒸気**の有無およびその状態

3.4.2 掘削面の勾配

事業者は，**手掘り**（機械を使用せず手で扱う簡単な機械で掘る）により地山の掘削作業を行うときは，掘削面の勾配を，地山の種類および掘削高さに応じて，表の値以下とする。特に地質が悪い地山では，さらに緩やかな勾配とする。

地山の種類	掘削面の高さと勾配の限度
砂からなる地山	5m未満または35度以下 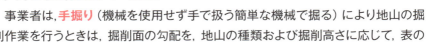 または 35°以下
発破等により崩壊しやすい状態の地山	2m未満または45度以下 または 45°以下

3.4.3 掘削時の留意事項 ★★★

地山の掘削時の留意事項は次のとおり。

> **Check!!**
> - あらかじめ，運搬機械，掘削機械および積込機械の運行の経路・機械の土石の積卸し場所への出入の方法を定めて，関係労働者に周知すること
> - 運搬機械等が，労働者の作業箇所に後進して接近するとき，または転落するおそれのあるときは，誘導者を配置し，その者にこれらの機械を誘導させなければならない。また運搬機械等の運転者は，誘導者が行う誘導に従わなければならない
> - 掘削作業を行う場所は，安全に行うために必要な照度を保持すること
> - 事業者は，地山の崩壊，土石の落下による危険のおそれがあるときは，下記の措置を講ずる
>   - 土止め（土留め）支保工を設ける
>   - 防護網を張る
>   - 地山の崩壊，土石の落下のおそれがあるときは，作業員は立入り禁止
>   - 作業箇所・周辺の地山について，点検者を指命して，その日の作業を開始する前に点検する
> - 埋設物，れんが壁，ブロック塀，擁壁等の建設物に近接して掘削する場合で，損壊等による危険のおそれがあるときは，これらを補強し，移設等の危険防止措置を講じた後，作業に入る

掘削作業は，土工工事のほぼすべてに関わる最も基本的な作業だよ。
地山の掘削作業主任者が直接指揮することや，掘削時の留意事項が過去何度も問われたよ！

3.5 建設機械の安全管理

建設機械による災害の主要因として，建設機械自体の構造上の欠陥や，建設機械の性能等に関する認識不足，不適切な作業計画などがあげられる。建設機械への知識を深めることが適切な安全管理につながる。

※建設機械の種類や特徴については，「第1章 土工 5.1建設機械」を参照。

3.5.1 車両系建設機械の留意事項 ★★☆

建設機械はいくつかの種類に分類できるが，そのひとつが車両系建設機械である。運搬，掘削，締固め，基礎工事，コンクリート打設や解体作業に使用されるものを指す。車両系建設機械に関する留意事項は次のとおり。

Check!!

事業者が行う

- あらかじめ作業場所の地形・地質に応じた適正な制限速度を定める
- 修理やアタッチメント（付属装置）の装着・取外しを行う場合には，作業指揮者に作業の指揮や，安全支柱・安全ブロック等の使用状況の監視などをさせる（指揮者が直接作業する必要はない）
- 落石等の危険が生ずるおそれのある場所では，堅固なヘッドガードを付ける
- 路肩や傾斜地等であって，車両系建設機械の転倒・転落が生じるおそれのある場所では，運転者にシートベルトを使用させる
- 原則として前照灯（前照燈）を備える
- 運転について誘導員をおく場合は，一定の合図を定め誘導員に合図を行わせる
- その日の作業開始前に，ブレーキ・クラッチの機能について点検させる
- ブーム，アーム，ジブ等の装置を上げて下に入る必要があるときは，不意に降下しないよう，安全支柱，安全ブロック等を使用させて，ブーム，アーム等を支えておく（指揮者が直接作業する必要はない）

運転者が行う

- 運転席を離れるときは，原動機を止め，かつ，走行ブレーキをかける等の措置をとる

3.5.2 移動式クレーンの留意事項 ★★☆

建設機械のひとつである**移動式クレーン**は，原動機を内蔵しており，荷を動力を用いてつり上げ，水平に運搬して，ほかの場所に移動することが可能である。

移動式クレーンについての規定は，クレーン等安全規則（クレーン則）で定められている。おもな留意事項は図のとおり。

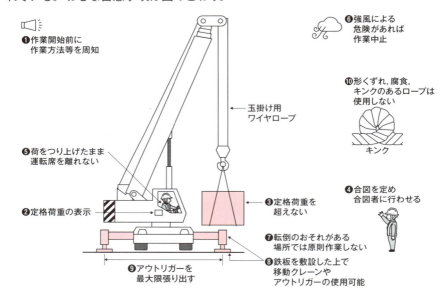

❶作業の方法，転倒防止の方法，労働者の配置・指揮系統を定め，**作業開始前**に関係労働者に**周知**させる

❷運転者と玉掛けをする者が定格荷重を常時知ることができるよう**表示**する

❸**定格荷重**を超える荷重をかけて使用してはいけない

❹運転について一定の**合図**を定め，合図を行う者を指名し行わせる

❺運転者は，荷をつり上げたまま**運転席（運転位置）**を離れてはいけない

❻**強風**のため危険が予想されるときは作業を中止する

❼**転倒**（**軟弱地盤**，埋設物や地下工作物の損壊）のおそれがある場所では，原則作業しない

❽❼でも転倒防止のための**鉄板**を敷設した上であれば，移動式クレーンや**アウトリガー**を使用可能

❾アウトリガーを有する場合は，アウトリガーを**最大限張り出す**

❿玉掛け用ワイヤロープは，著しい**形くずれ**や**腐食**，**キンク**（ねじれているもの）のあるものは使用しない

3.6 コンクリート造工作物解体時の危険防止

　高さ**5m**以上のコンクリート造工作物の解体作業を行うときは，工作物の倒壊，物体の飛来または落下等による労働者の危険を防止するため，労働安全衛生規則によりルールが定められている。

3.6.1 事業者の義務 ★★★

　事業者が行うべき措置のうち，おもなものは以下のとおり。

Check!!

- あらかじめ，当該工作物の形状，亀裂の有無，周囲の状況等を調査する
- 下記の内容をふまえて作業計画を作成する
  - ● 作業方法および手順
  - ● 使用する機械等の種類および能力
- 作業を行う区域内には，関係労働者以外の労働者の立入りを禁止する
- 強風，大雨，大雪等の悪天候が予想されるときは，当該作業を中止する
- 器具，工具等を上げ・下ろすときは，つり綱，つり袋等（器具や工具をひとまとめに入れる袋）を労働者に使用させる
- 外壁，柱等の引倒し（建物の柱や外壁を内側に引き倒した後，撤去しやすい大きさにカットする工法。転倒工法ともいう）等の作業を行うときは，引倒し等について一定の合図を定め，関係労働者に周知させなければならない

3.6.2 コンクリート造の工作物の解体等作業主任者の義務 ★★☆

　事業者は，高さ**5m**以上のコンクリート造工作物の解体作業を行う場合について，コンクリート造の工作物の解体等作業主任者技能講習を修了した者のうちから，コンクリート造の工作物の解体等作業主任者を選任しなければならない。

　その作業主任者の職務は次のとおり。

Check!!

- 作業の方法および労働者の配置を決定し，作業を直接指揮する
- 器具，工具，要求性能墜落制止用器具等および保護帽の機能を点検し，不良品を取り除く
- 要求性能墜落制止用器具等および保護帽の使用状況を監視すること

3.7 保護具の着用と使用

労働者は，身の安全を守るため保護具をつけて作業にあたる。作業の内容によって，保護具の種類も変わり，保護帽や要求性能墜落制止用器具がある。

> 保護帽（産業用ヘルメット）：頭部損傷などによる危険を防止・軽減するために使用し，厚生労働省が定める検定に合格したもの
>
> 要求性能墜落制止用器具：高さが2m以上の高所作業において，作業床の設置，作業床の端および開口部等に囲い，手すり，覆い等を設けることが困難な場合に，事業者が労働者に着用させるもので，厚生労働省の規格に適合したもの。フルハーネス型と胴ベルト型がある

3.7.1 保護具の着用が必要な作業と使用時の留意事項 ……★★☆

保護帽，要求性能墜落制止用器具それぞれの，着用が必要な作業と使用時の留意事項のうち，おもなものは次の表のとおり。

	保護帽	要求性能墜落製制止用器具
着用が必要な作業	・物体の飛来・落下の危険のある採石作業 ・最大積載量が5t以上の貨物自動車の荷卸し作業 ・ジャッキ式つり上げ機械を用いた荷のつり上げ・つり下げの作業 ・高さ5m以上のコンクリート造工作物の解体作業 ・橋梁の支間が30m以上のコンクリート橋の架設作業 ・明り掘削の作業	・高さ2m以上の高所で墜落の危険がある作業 ・つり足場，張出し足場または高さ2m以上の足場の組立て，解体，変更の作業
使用時の留意事項	・頭のサイズにあったものを使用し，あごひもは必ず正しく締める ・見やすい箇所に，製造者名，製造年月日等が表示されているものを使用する ・大きな衝撃を受けたものは，外観に損傷がなくても使用しない ・改造・加工したり，部品を取り除いてはならない	・使用するフックは，できるだけ高い位置に取り付ける ・胴ベルト型要求性能墜落制止用器具は，できるだけ腰骨の近くで装着する

chapter 7

一問一答チャレンジ

❶	元方事業者のうち，建設業等の事業を行うものを特定元方事業者という。	◯
❷	地山の崩壊または土石の落下による労働者の危険を防止するため，点検者を指名し，作業箇所等について，前日までに点検させる。	✕
❸	掘削面の高さが規定の高さ以上の場合は，地山の掘削及び土止め支保工作業主任者技能講習を修了した者のうちから，地山の掘削作業主任者を選定する。	◯
❹	型枠支保工に使用する材料は，著しい損傷，変形または腐食があるものは，補修して使用しなければならない。	✕
❺	高さ2m以上の足場（一側足場およびつり足場を除く）の作業床の幅は40cm以上とし，物体の落下を防ぐ幅木を設置する。	◯
❻	高さ2m以上の足場（一側足場およびつり足場を除く）の作業床における床材間の隙間は，5cm以下とする。	✕
❼	車両系建設機械の運転について誘導者を置く場合は，一定の合図を定め合図させ，運転者はその合図に従わなければならない。	◯
❽	アウトリガーを有する移動式クレーンを用いて作業を行うときは，原則としてアウトリガーを最大限に張り出さなければならない。	◯
❾	高さ5m以上のコンクリート造の工作物の解体作業を行う区域内には，関係労働者以外の労働者の立入り許可区域を明示しなければならない。	✕

【解説】

❷作業箇所およびその周辺の地山について，その日の作業を開始する前に点検させる。

❹著しい損傷，変形または腐食があるものは使用してはならない。

❻作業床における床材間の隙間は，3cm以下とする。

❾作業を行う区域内には，関係労働者以外の労働者の立入りを禁止するが，許可区域を明示しなければならない決まりはない。

土工　コンクリート　基礎工　専門土木　法規　共通工学　施工管理法

4. 品質管理

要点整理

品質特性と試験方法

工種	品質特性	試験方法
土工	最適含水比	突固めによる締固め試験
	CBR（路床の強さ）	現場CBR試験
路盤工	盛土の締固め度	現場密度の測定（RI計器）
コンクリート工	骨材の粒度	ふるい分け試験
	スランプ	スランプ試験
アスファルト舗装工	安定度	マーシャル安定度試験
	平たん性	平たん性試験

x̄–R管理図の特徴

■ 重さ，長さ，時間などの計量値の管理に用いられる

■ x̄管理図は，ロットの平均値より作成する

■ R管理図は，ロットの最大値と最小値の差（ばらつきの範囲）より作成する

■ x̄–R管理図は，中心線，上方管理限界線，下方管理限界線を統計的に計算して表した図表であり，折れ線グラフで作成する

■ データが管理限界線の外に出た場合は，その工程に異常があることが疑われる

盛土の締固めの品質管理

品質規定方式：締固め度などの盛土に必要な品質を仕様書に規定し，締固め方法については施工者にゆだねる方法

工法規定方式：締固め機械の種類，まき出し厚さ，締固め（転圧）回数などを仕様書に規定する方法

レディーミクストコンクリートの品質管理

強　　　度：1回の試験結果が呼び強度の強度値の85%以上かつ
3回の試験結果の平均値が呼び強度の強度値以上

ス ラ ン プ：スランプの値によって許容差が異なる（P.297表参照）

空　気　量：許容差はコンクリートの種類に関係なく±1.5%

塩化物イオン量：荷卸し地点で0.30kg/㎥以下（購入者の承認を受けた場合は0.60kg/㎥以下）

4.1 品質管理の基本

品質管理の目標やその手順について解説する。

4.1.1 品質管理とは

土木工事における品質管理とは，設計図書および仕様書に示された形状と規格を十分満足するような土木構造物を最も経済的につくるため，工事すべての段階において品質の管理を行うことである。

品質管理の直接の目標は，次の2点を確認することである。

①構造物が規格を満足しているか
②工程が安定しているか（ここでいう工程とは，工期工程とは異なり，品質がつくり出される過程をいう）

一般に，①を確認する方法としてヒストグラムなどを用い，②を確認する方法として管理図が用いられる。

4.1.2 品質管理の手順

品質管理の手順として，ヒストグラムや管理図の作成に入る前に，品質特性の選定，特性に関する品質標準（品質規格）の設定，品質標準を守るための作業標準の決定などについて，十分検討することが必要である。品質管理の手順をPDCAサイクルに当てはめると，図のとおりになる。

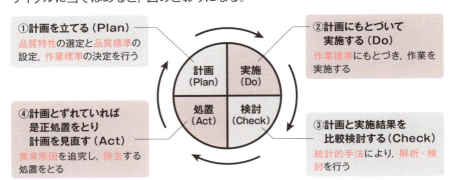

用語　品質特性
品質を構成する要素のうち，品質評価の対象となる性質・性能のこと

用語　品質標準
施工に際して実現しようとする品質の目標

用語　作業標準
品質標準を実現するための作業の方法や手順

4.1.3 品質特性と試験方法 ★★★

土木工事の品質管理における「工種・品質特性」とその「試験方法」との組合せは表のとおり。

工種		品質特性	試験方法
土工	材料	最大乾燥密度・最適含水比 自然含水比	締固め試験 含水比試験
	施工	締固め度（密度） CBR（支持力, 路床の強さ） 支持力	現場密度の測定 現場CBR試験 平板載荷試験
路盤工	材料	粒度 CBR	ふるい分け試験 CBR試験
	施工	現場密度（締固め度） 支持力	現場密度の測定（砂置換法，RI計器による方法） 平板載荷試験， 現場CBR試験
コンクリート工	骨材（材料）	粒度（細骨材，粗骨材）	ふるい分け試験
	コンクリート（施工）	スランプ 空気量 圧縮強度	スランプ試験 空気量試験 圧縮強度試験
アスファルト舗装工	材料	針入度（硬さ） 伸度（延性）	針入度試験 伸度検査
	舗装現場（施工）	安定度 厚さ 平たん性	マーシャル安定度試験 コア採取による測定 平たん性試験

品質特性と試験方法の組合せは，前期・後期のどちらかで出題されているので，特に赤字の組合せはしっかり覚えよう！

Level Up

覚えておきたい品質管理の関連用語は次のとおり。

ロット：同一条件下で生産された品物の母集団を構成する最小単位のことで，検査などのために，ひとまとまりにしたグループのこと
データ値：サンプルから得られた品質特性に関する測定値
正規分布：データが平均値付近に集積する分布のこと。ばらつきがなく，その状態が安定しているとき，測定値の分布は正規分布になる
母集団：調べようとする対象の集団
サンプル：対象の母集団からその特性を調べるために，一部を取り出したもの。試料ともいう

4.2 ヒストグラム

構造物が規格値を満足しているかを確認するために，ヒストグラムが用いられる。

4.2.1 ヒストグラムとは ★★☆

ヒストグラムは，図の形状から，**柱状図**とも呼ばれる。横軸に品質特性値（データ・測定値）の存在する範囲をいくつかの区間に分けて，それぞれの区間に入るデータ（測定値）の数を**度数**として縦軸にとった図である。データ（測定値）の分布状態（**ばらつき**の状態）を知るために多く用いられる。

規格値に対して個々の品質が満足しているか，ゆとり（規格値に対する余裕）があるかなどがわかる。一方，データ（測定値）の時間的変化や変動の様子はわからない。

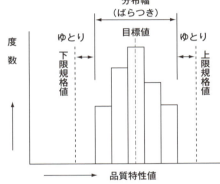

用語
規格値
品質管理を行う際の製品の条件（寸法，強度などの上限値，下限値，目標値）

Level Up

下のヒストグラムから読み取れる内容は次のとおり。
- データの**最大値**（測定されたデータの中で最も大きい値）：8
- データの**最小値**（測定されたデータの中で最も小さい値）：4
- データの**範囲**（最大値－最小値）：8－4＝4
- データの**総数**（度数の合計）：2＋4＋10＋4＋2＝22
- データの**平均値**（（各データ×度数の合計）をデータの総数で除した値）：
  （4×2＋5×4＋6×10＋7×4＋8×2）÷22＝6

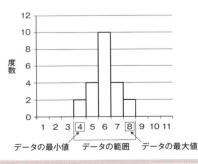

4.2.2 ヒストグラムの見方

ヒストグラムの形状とそこからわかる状態は次のとおり。

左右対称のもの	両側に余裕がないもの	ばらつきが大きいもの
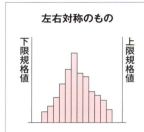	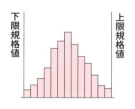	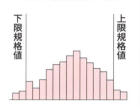
規格値に対するばらつきがよく，ゆとりもあり，平均値も規格値の中心と一致する。品質管理上の理想的な安定した形状である	規格値の範囲内であるが，わずかな工程の変化によって規格値を割るものがでるため，ばらつきをもっと小さくするように品質管理を行う必要がある	上・下限の規格値ともに割っており，応急処置が必要である。ばらつきを小さくするための要因を分析し，根本的な対策を採ることが必要である
左に偏っているもの	二山のもの	飛び離れた山を持つもの
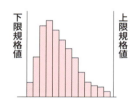	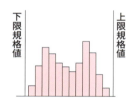	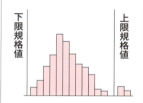
上限または下限が規格値などで抑えられた場合で，特定の値以下または以上の値をとることが許されないときによく現れる形状である	平均値の異なる2つの分布が混在している。1つの製品の製作に2つの異なる工程（2台の機械や2種類の原材料）を用いた場合に現れやすい	測定に誤りがあったり，工程に時折異常があったりする場合に現れる形状である

ヒストグラムを見る場合には，次のことに注意しよう！
① 規格値を満足しているか
② 分布の位置は適当か
③ 分布の幅はどうか
④ 離れ島のように飛び離れたデータはないか
⑤ 分布の右か左かが，絶壁になっていないか
⑥ 分布の山が2つ以上ないか

4.3 管理図

工程（ここでは，品質がつくり出される過程をいう）が安定しているかを確認するために，管理図が用いられる。

4.3.1 管理図とは

管理図は，品質のばらつきを**時系列順**またはサンプル番号順に図示して，工程の安定度合いを把握するための**折れ線**グラフである。応用範囲が**広く**便利であることから，多く活用されている。

一般に，打点される統計量の長期にわたる平均値を中心線（CL）にとり，統計量の平均値± **3σ**（3×母標準偏差）を上下の管理限界の線（**上方管理限界線**（UCL），**下方管理限界線**（LCL））とする。この管理限界線は，品質のばらつきが偶然原因によって通常起こり得る程度のものなのか，あるいはそれ以上の見逃せない異常原因によるばらつきであるかを判断する基準となる。

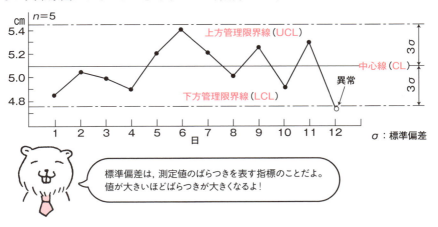

標準偏差は，測定値のばらつきを表す指標のことだよ。値が大きいほどばらつきが大きくなるよ！

4.3.2 管理図の見方

管理図は，点が上下の管理限界線の内側に収まっていれば，工程は正常で安定しているといえる（管理図A）。一方，点が管理限界線の外側に出たり，複数の点が中心に集まったり，管理限界線に接近するなど，点の並び方にクセが出ていると，異常原因の存在が推測され，工程は異常で安定した状態にないと判断される（管理図B）。

上下の管理限界線の範囲内で推移していても，測定値の多数の群が連続して中心線より上または下にある場合や，**周期的に**増加あるいは減少するなど偶然のばらつきから逸脱する事象が見られる場合は異常があると考えられる。

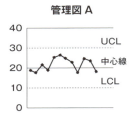

管理図 A

点が管理限界線の内側に収まっている
➡ 工程は正常で安定している（個々の点のばらつきは偶然原因による）

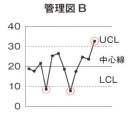

管理図 B

点が管理限界線の外側に出ている
➡ 工程は異常で安定した状態にない（異常原因が存在する）

4.3.3 x̄ーR管理図 ★★★

x̄-R管理図は，重さ，長さ，時間などの**計量値**の管理に用いられる。群（ロット）分けしたデータの**平均値x̄**の変化を見るためのx̄管理図と，**ばらつきの範囲R**（データの**最大・最小の差**）の変化を見るためのR管理図からなる。2つの管理図を対にして，各群のデータの平均値とばらつきの範囲の変化を同時にみることで，工程の安定状況がとらえられる。

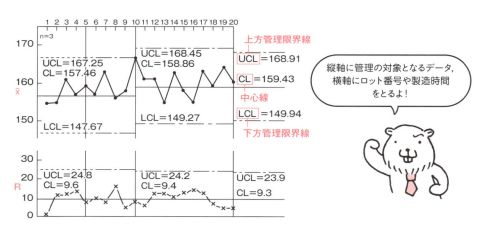

縦軸に管理の対象となるデータ，横軸にロット番号や製造時間をとるよ！

用語

計量値
重さ，長さ，時間，速度，温度，電流，音量など測定器を用いて計測され，単位で表せる連続的なデータのこと。一方，離散的な値であり，個数で数えられるデータのことを計数値という

4.4 盛土の品質管理

盛土の締固めの品質管理には，品質規定方式と工法規定方式の2種類の手法がある。

4.4.1 品質規定方式と工法規定方式 ★★★

品質規定方式と工法規定方式の特徴は次のとおり。また，規定内容と測定方法をまとめると，表のとおり。

> **品質規定方式**：盛土に必要な**品質**（**締固め度**など）を仕様書に示し，締固め方法については**施工者**にゆだねる方法
>
> **工法規定方式**：あらかじめ試験施工を行って**締固め機械の種類**，**まき出し厚さ**，**締固め（転圧）回数**などを仕様書で定め，一定の品質を確保しようとする方法

規定方式	規定内容	測定方法
品質規定方式	乾燥密度	現場密度の測定（砂置換法，RI計器による方法）
	飽和度または空気間隙率	含水比試験
	強度特性	平板載荷試験，現場CBR試験
	変形特性	プルーフローリング
工法規定方式	締固め機械の機種 盛土材料のまき出し厚さ 締固め（転圧）回数	―

用語

空気間隙率
土全体の体積の中で空気の体積が占める割合

2つの方式の特徴をしっかり覚えておこう！

4.4.2 盛土材料の特徴 ★★★

締固めの品質管理にかかわる盛土材料の特徴は次のとおり。

Check!!

- 締固めの目的は，土の**空気間隙を少なく**して透水性を低下させるなどし，土を安定した状態にすることである
- 盛土の締固めの効果や特性は，盛土材料の土質・粒度・含水比および締固め機械・施工方法などの条件によって**変化する**
- 盛土が最もよく締まる含水比を**最適含水比**といい，そのときの土粒子の密度を**最大乾燥密度**という

4.5 レディーミクストコンクリートの品質管理

レディーミクストコンクリートのおもな品質管理項目は，❶強度，❷スランプ，❸空気量，❹塩化物イオン量である。

❶ 強度 ★★★

コンクリートの圧縮強度は，荷卸し地点での受入れ検査試験において，次の2つの条件を両方満足するものでなければならない。

(a) 1回の試験結果が，購入者が指定した呼び強度の強度値の85%以上
(b) 3回の試験結果の平均値が，購入者が指定した呼び強度の強度値以上

呼び強度
レディーミクストコンクリートの取引上の強度で，購入者の指定事項のひとつ

【例題】 呼び強度24N/mm²のレディーミクストコンクリートを購入し，各工区の圧縮強度の試験結果が下表のように得られたとき，それぞれの工区の受入検査の**合否判定**はどのようになるか。

試験回数 \ 工区	A工区	B工区	C工区
1回目	21	33	24
2回目	26	20	23
3回目	28	20	25
平均値	25	24.3	24

※圧縮強度値は3個の試供体の平均値　　　単位（N/mm²）

【解説】　❶の条件（a）より，1回の試験結果は，呼び強度の値の85%（24N/mm²×85%＝20.4N/mm²）以上で合格となる。条件（b）より，3回の試験結果の平均値は，呼び強度24以上で合格となる。
　　　A，C工区は条件（a）(b)を満たしているが，B工区は条件（b）を満たしているものの，2，3回目の値が条件（a）を満たしていないため，不合格となる。

【正解】A工区：合格　B工区：不合格　C工区：合格

❷ スランプ ★★★

　購入者が指定したコンクリートのスランプ値ごとの許容差は，表のとおり規定されている。スランプ試験については，P.85参照。

スランプ（cm）	スランプの許容差（cm）
2.5	±1
5 および 6.5※	±1.5
8以上 18以下	±2.5
21	±1.5

※コンクリート標準示方書では「5以上8未満」

❸ 空気量 ★★★

　空気量とは，コンクリート中に含まれる気泡体積の，コンクリート体積に対する百分率のこと。空気量の許容差は，コンクリートの種類に関係なく**±1.5%**である。

❹ 塩化物イオン量 ★★★

　塩化物イオン量とは，コンクリートに含まれる塩化物イオンの単位体積あたりの総重量(kg/m^3) のこと。塩化物イオン量は，荷卸し地点で**0.30kg/m³**以下でなければならない。ただし，購入者の承認を受けた場合には，0.60kg/m³以下にできる。

【例 題】　　スランプ12cm，空気量5.0%と指定したJIS A 5308レディーミクストコンクリートの試験結果について，各項目の**判定基準を満足しない**のはどちらか。

　　(1) スランプ試験の結果は，10.0cmであった。
　　(2) 空気量試験の結果は，3.0%であった。

【解 説】(1) スランプ12cmと指定されたレディーミクストコンクリートのスランプの許容差は，❷の表より±2.5cmであり，下限値は 9.5cmである。したがって，(1)は満足する。

　　　　(2) レディーミクストコンクリートの空気量の許容差は，±1.5%であり，設問の 5.0%の場合の下限値は3.5%である。したがって，(2)は満足しない。

【正解】(2)

一問一答チャレンジ

❶	工事の品質管理活動における品質管理のPDCAにおいて，第2段階（実施（Do））では，作業日報にもとづき，作業を実施する。	✕
❷	アスファルト舗装工の安定度を確認するためには，平板載荷試験を行う。	✕
❸	土の最適含水比を求めるには，突固めによる土の締固め試験を行う。	◯
❹	ヒストグラムは，測定値の異常値を知るのに最も簡単で効率的な統計手法である。	✕
❺	平均値が規格値の中央に見られ，左右対称なヒストグラムは，良好な品質管理が行われている。	◯
❻	管理図において，管理限界内にあっても，測定値が周期的に上下するときは工程に異常があると考える。	◯
❼	R管理図は，工程のばらつきを各組ごとのデータの平均値によって管理する。	✕
❽	盛土の締固めの工法規定方式は，締固め機械の種類，まき出し厚さ，締固め回数などを規定する方式である。	◯
❾	レディーミクストコンクリート（JIS A 5308）の受入れ検査の合格判定で，圧縮強度の3回の試験結果の平均値は，購入者の指定した呼び強度の85%以上である。	✕

【解説】

❶第2段階（実施（Do））では，作業標準にもとづき，作業を実施する。

❷平板載荷試験は，土工・路盤工において支持力を測定する試験である。アスファルト舗装工の安定度を確認するために行うのは，マーシャル安定度試験である。

❹ヒストグラムは，測定値の分布状態（ばらつきの状態）を知るために用いられる。

❼R管理図は，データの最大・最小の差によって管理する。

❾圧縮強度の3回の試験結果の平均値は，購入者が指定した呼び強度の強度値以上でなければならない。

5. 環境保全・建設リサイクル

要点整理

騒音・振動対策の基本

■ 騒音や振動の大きさを下げること, 発生期間の短縮を検討する

■ 対策は大きく分けて, ①発生源での対策, ②伝搬経路での対策, ③受音点・受振点での対策の3つがある

具体的な低減対策

■ 作業待ち時には, 建設機械等のエンジンをできる限り止める

■ 機械の騒音はエンジン回転速度に比例するので, 不必要な空ぶかしや高い負荷をかけた運転は避ける

■ 建設機械の土工板やバケット等は, 衝撃的な操作(土のふるい落としの操作など)を避ける

■ クローラ(履帯)式の土工機械では, 走行速度が速くなると騒音振動も大きくなるので, 不必要な高速走行は避ける

■ 掘削積込み機(バックホウ等)から直接ダンプトラック等に積み込む場合は, 落下高さを低くしてスムーズに行う

■ アスファルトフィニッシャでの舗装工事で, 特に静かな工事施工が要求される場合, タンパ式よりバイブレータ式の採用が望ましい

特定建設資材

特定建設資材が廃棄物になった場合, 特定建設資材廃棄物と呼ばれる。

特定建設資材 ➡	特定建設資材廃棄物
コンクリート	コンクリート塊
コンクリート及び鉄から成る建設資材	コンクリート塊
木材	建設発生木材
アスファルト・コンクリート	アスファルト・コンクリート塊

5.1 環境保全対策

土木工事は，騒音・振動などによって，工事現場周辺の自然環境や生活環境に大きな影響を及ぼす。そのため，土木工事の施工にあたっては，自然環境や近隣環境の保全に留意するとともに，労働安全衛生の観点から現場の作業環境の保全に努めることが重要である。

5.1.1 騒音・振動対策の基本 ★★★

騒音・振動の対策は，騒音・振動の大きさを下げるほか，発生期間を短縮するなど全体的に影響が小さくなるように検討する。対策は大きく分けて，①発生源での対策，②伝搬経路での対策，③受音点・受振点での対策の3つがある。このうち最も効果が高いのは，①の発生源での対策であるが，3つの対策を総合的に検討する。

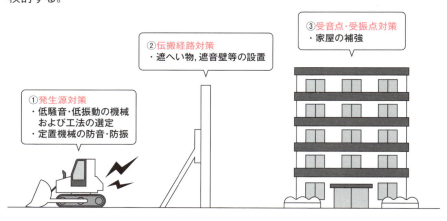

発生源に対する一般的な騒音・振動の低減対策は次のとおり。

― Check!! ―
- 国土交通省で指定している低騒音・低振動型建設機械を採用する
- 老朽化した機械や長時間整備していない機械は，摩耗やゆるみ，潤滑油の不足等により大きな騒音・振動の発生原因となるため，機械の整備状態をよくする
- 適切な動力方式や型式の建設機械を選択する
  騒音の大きさ：油圧式＜空気式
  騒音・振動の大きさ：小型機種＜大型機種，ホイール式＜クローラ式

5.1.2 具体的な低減対策

騒音・振動や土ぼこりなどの低減対策は，工事の種類によってさまざまなものがあるが，2級では，❶土工，❷舗装工・舗装とりこわし，についての対策が問われる。

❶ 土工 ★★★

土工における低減対策は次のとおり。

Check!!

- 作業待ち時には，建設機械等のエンジンをできる限り止める
- 機械の騒音はエンジン回転速度に比例するので，不必要な空ぶかしや高い負荷をかけた運転は避ける
- クローラ（履帯）式機械は，ホイール（タイヤ，車輪）式に比べて騒音・振動レベルが大きい。また，走行速度が速くなると騒音・振動ともに大きくなるので，不必要な高速走行は避け，履帯の張りの調整に留意する

 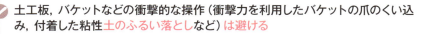
 例えば，ブルドーザを高速で後進させると，足回り騒音や振動が大きくなるよ

- 土工板，バケットなどの衝撃的な操作（衝撃力を利用したバケットの爪のくい込み，付着した粘性土のふるい落としなど）は避ける
- 覆工板を用いる場合，据付け精度が悪いとがたつきによる騒音・振動が発生するので注意する
- 掘削・積込み作業にあたっては，低騒音型建設機械の使用を原則とする
- 掘削積込み機（バックホウ等）から直接ダンプトラック等に積み込む場合は，落下高さを低くしてスムーズに行う
- 運搬路の選定にあたっては，あらかじめ道路および付近の状況について十分調査する
- 土運搬による土砂の飛散を防止するには，過積載の防止や荷台のシート掛けを行う
- 土工事に伴う土ぼこりの防止対策として，散水車や散水設備による散水，乳剤等の薬液散布などを行う

用語

土工板
ブルドーザに取り付けられた土砂を押す装置

用語

覆工板
工事のために開いた部分を，一時的に元の状態にするために使われる鋼鉄製の部材

301

❷ 舗装工・舗装とりこわし ★★☆

舗装工・舗装とりこわしにおける低減対策は次のとおり。

Check‼

舗装工
- 舗装工事で特に静かな工事施工が要求される場合，アスファルトフィニッシャの敷均しを行う**スクリード部**は，タンパ式より騒音の小さい**バイブレータ式**を用いる

舗装とりこわし
- 舗装版とりこわし作業にあたっては，油圧ジャッキ式**舗装版破砕機**，低騒音型の**バックホウ**の使用を原則とする
- コンクリートカッタ作業においては，切削音を低減させるため，エンジンルーム，カッタ部を**全面カバーで覆う**などの遮音対策を行う
- 破砕物等の積込み作業等は，できるだけ積込み時の**落下高さを低く**し不必要な騒音・振動の発生を避けて，丁寧に行う

一問一答チャレンジ

❶	アスファルトフィニッシャでの舗装工事で，特に静かな工事施工が要求される場合，バイブレータ式よりタンパ式の採用が望ましい。	✕
❷	騒音の防止方法には，発生源での対策，伝搬経路での対策，受音点での対策があるが，建設工事では受音点での対策が広く行われる。	✕
❸	車輪式（ホイール式）の建設機械は，履帯式（クローラ式）の建設機械に比べて，一般に騒音振動レベルが小さい。	◯

【解説】

❶ タンパ式の方がバイブレータ式より騒音が大きいことから，夜間工事など特に静かな工事施工が要求される場合は，**バイブレータ式**を採用する。

❷ 受音点での対策は家屋を防音構造とする方法などをとるが，大規模になりがちで建設工事においては一般的でない。比較的小さなコストで大きな効果を上げやすい**発生源での対策が基本**となる。

建設リサイクル法(特定建設資材)問題の解き方

【例題】 「建設工事に係る資材の再資源化等に関する法律」(建設リサイクル法)に定められている**特定建設資材**に**該当するもの**は,次のうちどれか。

(1) ガラス類
(2) 廃プラスチック
(3) アスファルト・コンクリート
(4) 土砂

● 特定建設資材とは

建設リサイクル法によって再資源化が義務付けられている**特定建設資材**は,次の**4種類**であり,(　)内の名称と図は,これらの資材が廃棄物(特定建設資材廃棄物)になったときの区分である。

1.コンクリート(コンクリート塊)

3.木材(建設発生木材)

2.コンクリート及び鉄から成る建設資材
(コンクリート塊)

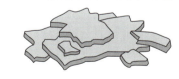

4.アスファルト・コンクリート
(アスファルト・コンクリート塊)

● 例題の解説

選択肢のうち,(1)(2)(4)は特定建設資材に該当せず,(3)アスファルト・コンクリートのみが該当する。

【正解】(3)

2級土木施工管理技術検定 第一次
頻出ポイント攻略BOOK

令和7年3月21日　第1刷発行

デザイン：酒井直子
イラスト：松島直子
図版制作：株式会社報光社
印　　刷：株式会社ルナテック

Ⓒ 編集
　 発行　一般財団法人 地域開発研究所

〒112-0014　東京都文京区関口1-47-12　江戸川橋ビル
https://www.ias.or.jp

不許複製

※落丁・乱丁は発行所にてお取替えいたします。
※正誤表等の本書に関する最新の情報は，下記でご確認ください。
　　　　　https://www.ias.or.jp/shuppan/seigo-chart.html

ISBN　978-4-88615-448-4